天津市科协资助出版

月球颗粒与发动机羽流的相互作用

崔玉红　王建山　谢宇新　著

科学出版社

北京

内 容 简 介

本书共 10 章，第 1 章是月壤颗粒与发动机羽流相互作用研究概述，第 2 章是月壤颗粒被喷射的临界质量和月表形成月坑的尺寸，第 3 章是发动机羽流场与分区，第 4 章是计算参数的选择，第 5 章是月壤颗粒受力影响因素，第 6 章是羽流场中月壤颗粒的相互碰撞问题，第 7 章是羽流场中月壤颗粒的扩散问题，第 8 章是月壤颗粒与发动机羽流的双向耦合问题，第 9 章是与阿波罗登月实测数据的对比验证，第 10 章是总结与展望。

本书主要读者对象是航天、航空领域研究学者、研究生和本科生，也可为从事力学、物理以及土木、航天、航空、机械和材料等相关学科的专家学者和技术人员提供参考。

图书在版编目(CIP)数据

月球颗粒与发动机羽流的相互作用/崔玉红，王建山，谢宇新著. —北京：科学出版社，2022.4

ISBN 978-7-03-071968-3

Ⅰ.①月⋯ Ⅱ.①崔⋯ ②王⋯ ③谢⋯ Ⅲ.①月球物质-颗粒-相互作用-月球飞船-发动机-羽流-研究 Ⅳ.①V476.3

中国版本图书馆 CIP 数据核字(2022) 第 046647 号

责任编辑：赵敬伟 郭学雯 / 责任校对：彭珍珍
责任印制：吴兆东 / 封面设计：无极书装

科 学 出 版 社 出版
北京东黄城根北街 16 号
邮政编码：100717
http://www.sciencep.com
北京中科印刷有限公司 印刷
科学出版社发行 各地新华书店经销
＊

2022 年 4 月第 一 版 开本：720×1000 1/16
2023 年 6 月第二次印刷 印张：10
字数：202 000

定价：108.00 元
(如有印装质量问题，我社负责调换)

序

探索浩瀚宇宙是全人类的共同梦想，月球是离地球最近的一个地外天体，成为世界各国首要的深空探测目标。中国的深空探测是从月球探测开始的，这是我国深空探测国家战略的重大举措。按照中国探月工程绕、落、回三步走规划，从2007 年开始，相继实施了嫦娥一号、嫦娥二号、嫦娥三号、嫦娥五号飞行试验器、嫦娥四号、嫦娥五号任务，均取得圆满成功。

在中国探月工程的实施过程中，需要解决一系列关键问题，包括探测器着陆月面时与月球环境的相互作用问题。该书主要是针对这一问题展开研究的结果总结。月球着陆器接近月表进行软着陆过程中，发动机喷出的羽流迅速向真空环境膨胀扩散，羽流冲击到月球表面，使风化疏松的月壤颗粒产生运动，导致月壤颗粒的四处飞扬；不但造成能见度严重下降，还会对探测器的着陆过程造成力、热和敏感器环境场等方面的影响。因此，开展这方面的研究对探月工程任务的成功实施也是非常重要的，研究很有价值。

该书系统阐述了研究进展、理论推导、计算方法、关键问题和实测验证，提出的研究方法填补了该研究方向的部分空白，为月球探测器着陆月面环节提供参考数据，研究成果已成功应用在我国探月工程中。该书为从事月球探测研究和应用的科研技术人员提供参考，也为航天、航空、力学、物理、土木、机械以及材料等相关领域的专家学者和技术人员提供参考。

杨孟飞

中国科学院院士

嫦娥五号探测器总指挥、总设计师

2021 年 9 月于北京

前　言

我国于 2013 年和 2018 年圆满完成了嫦娥三号和嫦娥四号探测器分别在月球正面和背面的软着陆，在 2020 年由嫦娥五号着陆器实现了月球表面月壤自主采样返回。随后几年，我国将陆续有嫦娥六号着陆器实施月球南极地区的采样返回，嫦娥七号着陆器实施月球南极地区的综合探测，嫦娥八号着陆器实施探测试验和关键技术的月面试验。更进一步，我国计划将在 2030 年前后实现载人登月，在 2040 年前后建立月球基地。从嫦娥三号着陆器开始，无人登月任务和载人登月任务面临一系列重大问题与巨大挑战，其中最关键和最严峻的挑战之一便是"月尘污染"问题，它甚至影响着着陆器、敏感设备以及航天器登月任务的成败。

本书的研究是面向国家重大科技专项"探月工程"亟须解决的月球探测器着陆过程中遇到的一个关键科学问题。月球着陆器接近月表进行软着陆过程中，发动机喷出的羽流迅速向真空环境膨胀扩散，羽流冲击到月球表面，使风化疏松的月壤颗粒遭到破坏，导致月壤颗粒的四处飞扬。由于飞扬的月壤颗粒数量巨大，造成能见度严重下降，使着陆器和航天员视野明显受限。同时，大量悬浮的月壤颗粒极易附着在物体表面，造成敏感设备和元器件的磨损与失效，并侵入航天器和航天服里，对正常的探测活动和航天员的行动造成极为不利的影响。因此，"月尘污染"对着陆器的着陆稳定性和航天员的安全登月任务带来了极大的不确定性和严峻挑战，月壤颗粒与发动机羽流相互作用是无人登月任务和载人登月任务中亟须解决的一个关键科学问题。

本书针对五个关键问题：月壤颗粒被喷射的临界质量和月表形成月坑的尺寸、月壤颗粒受力影响因素、羽流场中月壤颗粒的相互碰撞问题、羽流场中月壤颗粒的扩散问题以及月壤颗粒与发动机羽流的双向耦合问题等，提出了原创的研究方法，并与阿波罗登月实测数据进行了对比验证。本书的部分研究方法尚属国内外首次提出，填补了该研究方向的部分空白。

本书共 10 章，第 1 章是月壤颗粒与发动机羽流相互作用研究概述，第 2 章是月壤颗粒被喷射的临界质量和月表形成月坑的尺寸，第 3 章是发动机羽流场与分区，第 4 章是计算参数的选择，第 5 章是月壤颗粒受力影响因素，第 6 章是羽流场中月壤颗粒的相互碰撞问题，第 7 章是羽流场中月壤颗粒的扩散问题，第 8 章是月壤颗粒与发动机羽流的双向耦合问题，第 9 章是与阿波罗登月实测数据的对比验证，第 10 章是总结与展望。

　　本书作者崔玉红教授、王建山教授和谢宇新副教授近十年参与了国家重大科技专项 "探月工程" 和 "火星探测" 计划等项目，配合中国空间技术研究院完成嫦娥三号、嫦娥五号、天问一号及神舟七号等着陆器地面环境试验上百个工况。本书的研究方法和研究结果已被嫦娥三号、嫦娥四号和嫦娥五号着陆器采用，为我国探月工程提供了重要研究方法和参考数据。

　　本书获得天津市科协资助出版，引用图片获得许可。鉴于作者水平有限，不妥之处在所难免，恳请读者批评指正。

作　者
2021 年 5 月

目 录

主 要 符 号

英文字母

A	面积 (m^2)
$\boldsymbol{a}$	月壤颗粒的合加速度 (m/s^2)
$\boldsymbol{a}_D$	月壤颗粒的曳力加速度 (m/s^2)
$\boldsymbol{a}_L$	月壤颗粒的升力加速度 (m/s^2)
c	颗粒浓度 (kg/m^3)
$\boldsymbol{C}_1, \boldsymbol{C}_2$	两个月壤颗粒碰撞前初始速度 (m/s)
C_{1x}, C_{2x}	两个月壤颗粒碰撞前水平方向速度 (m/s)
C_{1y}, C_{2y}	两个月壤颗粒碰撞前竖直方向速度 (m/s)
C_{10}, C_{20}	两个月壤颗粒碰撞前质心连线方向速度 (m/s)
C_{11}, C_{21}	两个月壤颗粒碰撞前垂直质心连线方向速度 (m/s)
C_D	曳力系数
C_L	升力系数
D_p	月壤颗粒的直径 (m)
D_{xy}, D	扩散系数 (cm^2/s)
d	流场模拟分子直径 (m)
e	能量恢复系数
ΔE	总能量改变量 (J)
ΔE_{rot}	内能改变量 (J)
ΔE_{tr}	平动能改变量 (J)
f	摩擦因数
f_C	表面滑移修正因数
f_F	周围颗粒影响修正因数
f_I	惯性修正因数
$\boldsymbol{F}$	月壤颗粒所受的合外力 (N)

$\boldsymbol{F}_a$	附加质量力 (N)
$\boldsymbol{F}_B$	布朗力 (N)
$\boldsymbol{F}_d$	Stokes 曳力 (N)
$\boldsymbol{F}_e$	Basset 历史力 (N)
$\boldsymbol{F}_g$	重力 (N)
$\boldsymbol{F}_m$	Magnus 升力 (N)
$\boldsymbol{F}_u$	压力梯度力 (N)
F_s	Saffman 升力 (N)
F_n, F_τ	气体粒子对月球表面的法向和切向作用力 (N)
F_{num}	气体分子代表数 (个)
F_{nump}	颗粒代表数 (个)
$\boldsymbol{F}_p$	颗粒受到的合力 (N)
Fr	Froude 数
$\boldsymbol{G}$	剪切率 (s^{-1})
G_s	滑移摩擦因数
$\boldsymbol{g}$	月球重力加速度 (m/s^2)
H	发动机喷口距离月表高度 (m)
h_D	月坑尺寸 (m)
k	两月壤颗粒质心连线斜率
k_B	玻尔兹曼常量 (J/K)
Kn	克努森数
L	流动特征长度 (m)
m	流场模拟分子质量 (kg)
m_0	颗粒团质量 (kg)
m_1, m_2	两个月壤颗粒的质量 (kg)
m_g	气体分子质量 (kg)
M_r	相对马赫数
m_s	一个月壤颗粒的质量 (kg)
ΔM	喷射的月壤颗粒质量 (kg)
N	Δt 时间内落到月表土壤的气体粒子总数 (个)

N_g	网格气体模拟分子数 (个)
N_p	网格颗粒数 (个)
Nu	Nusselt 数
n	流场分子数密度 (个/m³)
n_0	一个模拟分子代表的分子数 (个)
n_t	单位时间内落到月表土壤的气体粒子个数 (个)
P	羽流对月表的正应力 (Pa)
P_{ef}	Peclet 数
Pr	普朗特数
$\dot{Q}$	羽流通过颗粒表面传递的热量 (J)
Q_n	月壤颗粒的个数 (个)
R_{eG}	剪切雷诺数
R_{ep}	颗粒雷诺数
R_p	月壤颗粒半径 (m)
r_1, r_2	两个月壤颗粒的半径 (m)
r_L	月球的半径 (m)
R_0	0~1 之间的随机数
S	损耗功率 (N·m/s)
St	Stokes 数
t	时间 (s)
Δt	时间步 (s)
T	绝对温度 (K)
T_0	流场初始温度 (K)
$\boldsymbol{T}_1, \boldsymbol{T}_2$	变换矩阵
u_x	水平速度 (m/s)
u_y	竖直速度 (m/s)
$\boldsymbol{u}$	流场速度 (m/s)
$\boldsymbol{U}_1, \boldsymbol{U}_2$	两个月壤颗粒碰撞后初始速度 (m/s)
U_{1x}, U_{2x}	两个月壤颗粒碰撞后水平方向速度 (m/s)
U_{1y}, U_{2y}	两个月壤颗粒碰撞后竖直方向速度 (m/s)

U_{10}, U_{20}	两个月壤颗粒碰撞后质心连线方向速度 (m/s)
U_{11}, U_{21}	两个月壤颗粒碰撞后垂直质心连线方向速度 (m/s)
$u_{\mathrm{g}}, v_{\mathrm{g}}$	气体粒子的法向速度和切向速度 (m/s)
$\boldsymbol{u}_{\mathrm{r},i}$	模拟分子相对颗粒的速度 (m/s)
V	颗粒团体积 (m³)
$\boldsymbol{v}$	喷射的月壤颗粒运动速度 (m/s)
V_{c}	网格体积 (m³)
$\boldsymbol{V}_{\mathrm{f}}$	单元气体的速度 (m/s)
$\boldsymbol{v}_{\mathrm{g}}$	分子在 (x_2, y_2) 时的速度 (m/s)
$v_{\mathrm{g}1}, v_{\mathrm{g}2}$	两分子碰撞后分子的速度 (m/s)
$\boldsymbol{v}_{\mathrm{g}}^{*}$	分子在 (x_1, y_1) 时的速度 (m/s)
$v_{\mathrm{g}1}^{*}, v_{\mathrm{g}2}^{*}$	碰撞前分子的速度 (m/s)
$v_{\mathrm{g}i}$	两碰撞分子的质心速度 (m/s)
$v_{\mathrm{r}x}^{*}, v_{\mathrm{r}y}^{*}, v_{\mathrm{r}z}^{*}$	两分子的相对速度分量 (m/s)
v_{r}	相对速度的大小 (m/s)
W	输入功率 (N·m/s)
x	距离发动机喷口水平距离 (m)
Δx	网格之间的中心距离 (m)
y	发动机喷口距离月表高度 (m)

希腊字母

α	月壤颗粒的内摩擦角 (°)
β	月坑斜面与水平位置夹角 (°)
ε	孔隙率
ε_{d}	无量纲化直径
ζ	气体分子的内自由度
λ	平均分子自由程 (m)
ξ	适应系数
μ	动力黏性系数 (N·s/m²)
ν	运动黏性系数 (m²/s)

ρ	月壤颗粒的密度 (kg/m^3)
ρ_g	流场气体的密度 (kg/m^3)
ρ_0	流场初始数密度 (个/m^3)
τ	羽流对平面的剪切应力 (N/m^2)
τ^*	月壤颗粒开始移动的临界剪应力 (N/m^2)
τ_c	月壤颗粒的内聚力 (N/m^2)
$\boldsymbol{\tau}_t$	月壤颗粒所受的合外应力 (N/m^2)
Φ	试验系数
κ	扩散率
θ	质心连线与轴的夹角 (°)
$\boldsymbol{\Pi}$	旋转率

第 1 章　月壤颗粒与发动机羽流相互作用研究概述

作为距离地球最近的天体，月球是人类探索宇宙的第一站，也必将成为人类进行星际探索和星际移民的跳板。1957 年 10 月，苏联发射了第一颗人造地球卫星，标志着人类进入了太空时代。1969 年 7 月，美国阿波罗 11 号首次实现载人登月，迈出了人类在月球上的第一步。2019 年 1 月，中国嫦娥四号着陆器首次实现人类在月球背面软着陆，标志着世界探月技术迈入了新时代。机遇与挑战并存，每次人类登月任务都会面临一系列重大问题与巨大挑战，目前最关键和最严峻的挑战之一便是"月尘污染"问题。

月球着陆器在接近月表进行软着陆的过程中，发动机喷出的高速、高温和高密度气体迅速向月表外部的真空环境膨胀、扩散，形成羽毛状流场，称为羽流。羽流冲击到月球土壤表面，使风化疏松的月壤颗粒的自然堆积状态遭到破坏，导致月壤颗粒的四处飞扬，从而也在月球表面形成月坑。被羽流喷射的月壤颗粒会严重影响着陆的能见度和视野，图 1-1 为嫦娥三号着陆器拍摄的月壤颗粒喷射前后对比。同时，月坑对探测器的着陆稳定性带来了极为不利的影响。更重要的是，由于月壤颗粒的细密性和黏附性，月壤颗粒极易黏附在各种设备和敏感仪器表面，导致这些设备和仪器无法正常工作。例如，月壤颗粒可能侵蚀没有完全封闭的轴承、齿轮和其他机械装置，造成机械元件的磨损和密封失效[1-8]。此外，如果

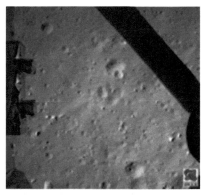 

(a) 羽流未侵蚀月壤颗粒　　　　　　　(b) 羽流侵蚀月壤颗粒后

图 1-1　嫦娥三号着陆器拍摄的月壤颗粒喷射前后对比[1]

月壤颗粒侵入着陆器内部和航天员的航天服里，会对航天员的舱内行为和出舱活动造成无法估量的危险和损失 [9-18]。

　　月壤颗粒与发动机羽流相互作用的研究是无人登月任务和载人登月任务无法回避的关键科学问题之一。本章概述了月壤颗粒与发动机羽流相互作用的研究进展和现状，1.1 节概述了试验研究进展，1.2 节概述了计算方法研究进展，1.3 节概述了几个关键问题研究进展，1.4 节概述了本书主要研究内容。

1.1　试验研究进展概述

　　人类每次登月任务都会面临一系列重大问题与巨大挑战，发动机羽流与月壤颗粒的相互作用是登月任务首先面临的最关键和最严峻的挑战之一。我国嫦娥系列任务和美国历次阿波罗任务的无人登月或载人登月过程中普遍采用的都是软着陆 [1,2]。月球着陆器接近月表进行软着陆的过程中，羽流冲击到月球表面土壤，导致风化疏松的月表土壤的自然堆积状态遭到破坏，随着被破坏的月表土壤的喷射，向空中四处扩散，并在月球表面形成月坑 [9,10]。20 世纪六七十年代，从阿波罗 11 号到阿波罗 17 号登月任务过程中都发现，在缓冲着陆阶段月壤颗粒都出现了明显的四处飞扬，而且喷射的月壤颗粒分布范围巨大，空中月壤颗粒浓度比较可观，造成能见度严重下降，宇航员视野明显受限 [11-13]。2013 年，我国月球探测器嫦娥三号着陆过程中也清晰地看到月壤颗粒被喷射，造成能见度明显降低，无法观察到着陆月表的真实情况，如图 1-1 所示 [1,14]。

　　我们知道，月球没有大气层，空间环境高度真空，仅有少量气体分子存在，主要成分为氖、氦、氢和氩等 [1-3]。由于没有大气层，随着太阳的辐射，月球表面昼夜温差变化接近 300K[3,15]。同时，月球表面直接承受着月球内部地质活动与外部复杂空间环境的共同作用，形成了月表的高地、平原、盆地和环形山 (即撞击坑) 等特殊月表形貌特征 [16-18]。过去的四十几亿年间，太阳辐射与风化、陨石和微陨石撞击、大幅度昼夜温差变化导致岩石热胀冷缩破碎等物理过程，导致在月球表面广泛覆盖着厚度不一的月表土壤颗粒。月壤颗粒粒径相当微小，表面形状多而复杂，其中以次圆形、玻璃状、棱角状和次棱角状等为主，具有较大的比表面积，不同形状的颗粒之间易于相互联结在一起 [3,15]。月壤颗粒含有丰富的纳米金属铁和硅酸类物质，使得颗粒具有一定的磁性、较低的直流电导率和较低的介电损耗，具有上述特征的月壤颗粒极易积累并长时间保存电荷 [15]。月球表面环境的高度真空，使得联结在一起的月壤颗粒间没有吸附层气体的润滑作用，月壤颗粒更易于发生黏附和静电。也就说，月球表面的高真空、强电场、强辐射、大温差和低重力等极端环境，导致月壤颗粒的静电特性和黏附性非常高 [19,20]。航天设备的金属材料和复合材料均对月表环境的紫外辐射等具有不同程度的敏感度,当月壤颗粒靠近探测器时,两者表面产生感应电荷,使得月壤颗粒进一步增强了静电效应和黏附性。由于月壤颗粒的细密性、静电效应和黏附性[20,21],月壤颗粒黏附在各种探月设备的表层,覆盖在光学仪器的表面及宇航员的宇航服上,对正常的探测活动造成了极为不利的影响[22]。美国勘测者 3 号被发现其表面被大量月尘颗粒所覆盖,而且表面受到月尘颗粒的严重磨损而产生很多小坑[23]。因此,着陆器软着陆过程中发动机羽流激起的月壤颗粒四处飞扬和月壤颗粒的高速运动,加剧了对航天探测器设备表面和敏感仪器的各种严峻挑战和严重危险[2]。

目前,月壤颗粒与发动机羽流的相互作用问题的研究主要分为试验研究和数值计算两个方面。我们知道,月球表面是高真空、强辐射和低重力的环境,在地球环境实现高真空和持续稳定的月球重力条件非常困难。因此,试验研究初期大多选择地面重力环境和非真空环境,采用与月壤物理性质较为接近的火山灰来模拟月壤材料[24-26]。同时,采用喷射空气的管子模拟发动机喷出的羽流,通过高速摄像机记录试验现象,分析火山灰颗粒的分布规律和形成坑洞的尺寸[24-29],如图 1-2 所示。后期,试验研究进一步模拟了月壤堆积、不同角度的气流喷射等条件下月壤颗粒与发动机羽流的相互作用[30]。

(a) 地面非真空试验装置[25]

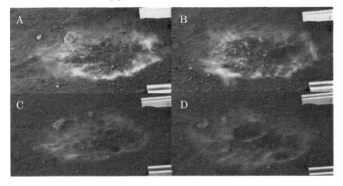

(b) 推进器点火周围颗粒的上扬过程[29]

图 1-2 地面试验装置和颗粒上扬过程

为了更加精确地模拟月球表面的高真空和低重力环境，研究人员在航天飞机返回地球的过程中，利用失重条件进行模拟试验[31]。小型密封的真空罐试验装置如图 1-3 所示，装置顶部是喷口装置，装置底部均匀铺设火山灰模拟月壤颗粒，利用航天飞机返回地球过程中重力的变化得到一系列与重力有关的试验数据。但是，该试验过程比较短暂，试验装置的体积很有限，试验结果具有一定局限性。

图 1-3   航天飞机返回地球过程中小型密封的真空罐试验装置[31]

20 世纪六七十年代的历次阿波罗登月任务保留了一些真实的实测数据，以及阿波罗登月软着陆过程的照片和录像等[2]。研究人员基于着陆器和宇航员登陆月表的实测数据，通过光学原理，分析了发动机羽流侵蚀月壤形成月坑的大小和月壤颗粒被喷射在空中的分布情况[32-35]，如图 1-4 所示。结合着陆器高度、太阳光照情况以及相机角度，对影像资料中的阴影拉长现象进行分析，得到了月壤颗粒的喷射角度；通过光度变化确定了月壤颗粒的负载密度、月坑边缘侵蚀程度以及发动机喷射角度的影响等[33,34]。

(a) 阿波罗 12 号宇航员指向月球勘测者 3 号相机[23]

(b) 阿波罗 15 号着陆器接触月表瞬时[34]

图 1-4   阿波罗着陆影像资料

总之，由于地面试验条件的各种限制，月壤颗粒与羽流场相互作用的试验研究不太多，目前试验研究缺乏有力的支撑数据或者充分可靠的试验结果。但是，人类历次登月任务的实测结果是目前有效和可靠的重要参考数据。

1.2 计算方法研究进展概述

由于地球重力和低真空环境限制，地面试验的研究具有很大的局限性，月壤颗粒与发动机羽流相互作用的计算方法研究逐渐成为相对重要的研究手段之一。

1991 年，基于月球勘测者 3 号和阿波罗 12 号着陆数据，Katzan 等 [36] 采用正态分布函数统计方法分析了月球着陆器在月球表面着陆或升起时发动机羽流对月壤颗粒的侵蚀作用，计算了距离发动机喷口不同位置月壤颗粒的分布情况，估算了被喷射的月壤颗粒对设备可能造成的影响。该方法假设月壤颗粒速度满足正态分布函数 [36]：

$$N(v) = N_{\text{t}} \frac{1}{\sqrt{2\pi}\sigma} \exp\left(\frac{(v - \bar{v})^2}{2\sigma^2}\right) \tag{1-1}$$

其中，N_{t} 为总月壤颗粒数，σ 和 $\bar{v}$ 为待定速度参数。以勘测者 3 号的采样结果作为样本逼近的目标函数，假设多数月壤颗粒的速度分布在 40~100m/s，速度平均值取为 $\bar{v} = 70\text{m/s}$。总月壤颗粒数 N_{t} 通过一段时间内着陆器在月球表面侵蚀月壤形成月坑的体积计算得到，月坑的体积乘以月壤颗粒的密度得到被侵蚀的月壤颗粒质量总和，月壤颗粒质量总和除以月壤颗粒的平均质量，得到被喷射的月壤颗粒总数。最后，根据实际观测结果对相应变量进行修正，估算出月球着陆器在月球表面着陆或升起时月壤颗粒的分布趋势 [35]。

2007 年和 2011 年，王淑彦等 [37] 和陆鑫等 [38] 提出了二维和三维颗粒离散元方法 (discrete element method, DEM) 研究着陆器着陆时月壤颗粒与着陆器的相互作用。如图 1-5 所示，将月球着陆器模拟为拱形体，将月壤颗粒运动看作颗粒悬浮运动以及颗粒之间碰撞的共同结果，假设月壤颗粒的运动过程满足颗粒动力学，颗粒之间的碰撞过程满足颗粒碰撞动力学。通过模拟拱形体的下落过程和月壤颗粒的运动，分析了月壤颗粒被喷射的高度和颗粒材料性质对月壤颗粒分布的影响 [37,38]。

月球表面真空环境下发动机羽流场中连续流场、过渡流场和不连续流场同时存在。对于连续流场，发动机喷口气体的流动特性符合 Navier-Stokes 方程，采用计算流体力学 (computational fluid dynamics, CFD) 计算流场合理而有效 [39]。对于过渡流场和不连续流场，采用直接模拟蒙特卡罗 (direct simulation Monte Carlo, DSMC) 方法准确而有效 [40,41]。2008 年，Lane 等 [42] 采用 DSMC 方法

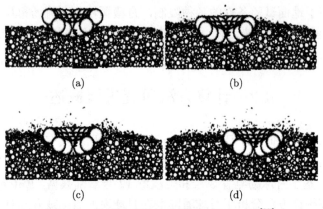

图 1-5   拱形着陆器与月壤碰撞图 (三维)[37]

和粒子轨迹模型 (particle trajectory model，PTM) 耦合的方法，研究了月壤颗粒在高速气体分子作用下的运动轨迹。分别采用 CFD 方法和 DSMC 方法计算了羽流的密度、速度场和温度场，给出了月壤颗粒满足的控制方程，结合 PTM 方法求解月壤运动轨迹。结果表明，月壤颗粒直径越小，CFD 方法和 DSMC 方法得到的月壤颗粒速度差别越大；月壤颗粒越大，两种方法得到的月壤颗粒速度差别越小 [42]。2010 年，Marichalar 等 [43] 基于 DSMC 方法分析了月球着陆器下降过程中发动机羽流对月壤颗粒的冲击，给出了羽流场特性，计算了羽流场对月球表面的压力和剪力，讨论了羽流效应对月壤颗粒运动的影响因素。同年，Morris 等 [44] 将月壤颗粒假设为气体分子，通过气体分子之间的碰撞原理分析月壤颗粒与羽流的相互作用，整个羽流场的计算区域划分如图 1-6 所示。2011 年，Morris 等 [45] 基于连续假设的 Navier-Stokes 方程求解器 DPLR(data parallel line relaxation)，结合 DSMC 方法分析了发动机喷口形状对羽流场的影响。同时，分析了羽流场对月表颗粒的冲击作用，引用 Roberts[46,47] 理论计算了羽流侵蚀的月壤颗粒的数量和气体分子碰撞月壤颗粒的加速运动。2011 年，Liever 等 [48,49] 提出了一种新的统一流场求解器 (unified flow solver，UFS)，该方法中近场的连续流场采用 CFD 求解器，远场的稀薄流场使用玻尔兹曼 (Boltzmann) 求解器。通过该方法分析了羽流场以及羽流场对月表的压应力和剪应力，并对计算结果进行了验证 [48]。2012 年，Liever 等 [49] 进一步引入拉格朗日颗粒跟踪法和碰撞模型分析月壤颗粒运动。同时，对阿波罗登月舱和牵牛星着陆器进行了三维全尺寸模拟，讨论了发动机喷出的高速羽流对月表撞击形成的月坑，以及喷射的月壤颗粒向远场输运的结果 [49]。2011 年起，蔡国飙等 [50,51] 采用 DSMC 方法计算发动机羽流与月壤颗粒的相互作用。通过 DSMC 方法计算发动机羽流场气体的速度、密度、温度和压强等，并将月壤颗粒也假设成一类气体分子，使月壤颗粒的气体分子与月壤颗粒的本身参数尽量接近[51]，分析了月壤颗粒的运动轨迹，如图 1-7 所示。同时，傅晓晶等[52] 通过 CFD 和二次谢别德差值 (quadratic Shepard) 方法，探讨月壤颗粒的密度、位置、初始速度等参数对颗粒运动的影响和规律。2013 年，Liu 等[53] 采用 DSMC 方法计算羽流场，采用 DEM 方法计算月壤颗粒的破坏和喷射，分别考虑了颗粒受到羽流的曳力、升力、重力、Magnus 力和静电力的作用。同时，分析了月壤颗粒之间相互碰撞对颗粒分布的影响，并预测了阿波罗着陆器着陆时的月壤颗粒分布情况。

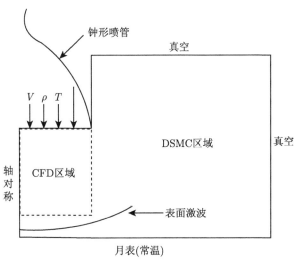

图 1-6 发动机喷口羽流场的计算区域划分图[44]

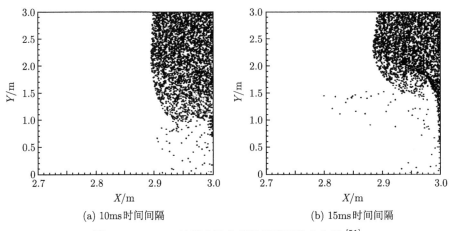

(a) 10ms时间间隔   (b) 15ms时间间隔

图 1-7 DSMC 计算方法获得的月壤颗粒分布图[51]

　　2014 年，Yim 等 [54] 对欧洲服务舱在着陆过程中，不同发动机羽流对着陆器辅助系统等敏感元器件以及月壤颗粒运动规律的影响进行了研究，对欧洲服务舱的发动机进行热力学分析，评估了发动机羽流在敏感表面产生的热通量。Sharma 等 [55] 和 Mylswamy 等 [56] 研究了多发动机羽流对着陆过程的影响，预测着陆器结构的热负荷，对着陆器推进系统在近真空条件下进行了数值模拟研究。采用 Navier-Stokes 方程求解器和辐射运输方程相互耦合的计算方法，研究了多发动机羽流相互作用的导流特性和羽流撞击等问题。从 2018 年开始，Ejtehadi 等 [57,58] 基于二阶玻尔兹曼-柯蒂斯 (second-order-Boltzmann-Curtiss) 的非线性耦合本构关系，采用模态间断伽辽金方法 (modal discontinuous Galerkin method) 的离散元方法，建立了粉尘气体双流体模型。基于此模型，Ejtehadi[59] 对着陆器冲击月球表面问题进行了数值模拟，分别与 Rahimi 等 [60] 和 Morris 等 [61] 的羽流场结果对比，表明其二阶本构关系的结果相比 Rahimi 等的一阶 NSF 方法更加接近 DSMC 的结果。2020 年，Rahimi 等 [60] 基于 Navier-Stokes Fourier(NSF) 方程，采用商用软件的有限体积法 (finite volume method，FVM) 和离散颗粒模型 (discrete particle model，DPM)，对多发动机月球着陆器近场羽流冲击月表与月壤相互作用问题进行了数值模拟，采用 Robert 侵蚀模型计算喷射月壤的质量，对月壤颗粒的运动轨迹和喷射角度与 Morris 等 [61] 的结果进行了对比分析，如图 1-8 所示。

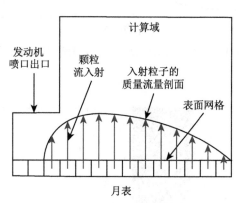

图 1-8　　NSF 方程计算羽流场和月壤颗粒流入示意图 [60]

　　从 2010 年开始，李水清等 [62–66] 分析了电场作用下库仑力对带电月壤颗粒的影响，以及静电除尘器对颗粒的捕获 [67,68] 等，获得了尺寸更小的纳米颗粒的运动特性及应用。从 2013 年开始，李水清等 [69–72] 进一步分析了静电场中带电颗粒球形云团的迁移演化，考虑了在纳米尺度连续介质假设失效的情况下，颗粒受到的不同的曳力、布朗力、热泳力等作用，以及纳米颗粒之间相互碰撞和受静电力的影响，为月壤颗粒运动机理和影响因素提供了更加全面可靠的理论方法。2018年，刘才山等 [73] 通过准静态压入试验，引入一个与颗粒材料内摩擦角相关联的强非线性函数比例系数，对阿基米德定律进行了修正，该研究也适用于月壤颗粒材料。2019 年，基于 DEM 分析了螺旋钻中所输送月壤颗粒的运动和应力特性，并建立了 DEM 应力特性的简化动力学模型 [74]。

2014 年，本课题组的耿动梁等 [75] 根据 Mohr-Coulomb 破坏准则提出月壤颗粒喷射的临界剪应力，采用动量方程确定了喷射的月壤颗粒质量以及形成月坑的深度，并通过阿波罗 11 号登月的实测数据对计算方法进行了验证。2015 年，郑刚等 [76] 又考虑了月壤颗粒间的弹性和非弹性碰撞对月壤颗粒在空中运动的影响。2016 年，邵亦琪等 [77] 进一步分析了月壤颗粒在羽流场中受力的主要影响因素，通过量级分析确定了月壤颗粒的主要作用力和次要作用力，并讨论了惯性修正、表面滑移修正和周围颗粒影响修正对月壤颗粒运动的影响。2019 年后，本课题组分别针对月壤颗粒与发动机羽流的扩散问题、碰撞问题和双向耦合问题进行了进一步深入的研究 [78−80]。

综上所述，2007 年以来月壤颗粒与羽流场相互作用问题的研究开始引起国内外学者的重视，计算方法从最初的概率分布预测和简单的单相分子模拟，逐渐向更加复杂的不同流场、多种方法耦合和多相流固耦合方法发展。目前，月壤颗粒与羽流场相互作用计算方法的研究各有千秋，仍需要不断地深入探索研究。

1.3　几个关键问题研究进展概述

自然堆积的月壤颗粒被羽流冲击破坏并受羽流作用喷射后，距离发动机喷口较近位置的月壤颗粒分布较为集中，具有很高的浓度。此时，月壤颗粒除了主要受到羽流驱动以外，颗粒碰撞、颗粒扩散、颗粒与羽流的双向耦合是月壤颗粒与羽流场相互作用无法回避的三个关键科学问题。

1.3.1　月壤颗粒间的相互碰撞问题

月壤颗粒在月表运动的过程中，当颗粒浓度到达一定程度时，月壤颗粒之间的碰撞问题对颗粒运动的影响是不能被忽略的。研究月壤颗粒发生碰撞的方法有确定性方法和随机性方法。确定性方法是根据颗粒之间的位置进行判定，当两个颗粒之间的距离小于两个颗粒的半径之和时，可以确认发生碰撞。该方法的优点在于能够真实反映碰撞的发生过程。但是，由于计算机容量限制，对大量颗粒分析存在一定局限性，并且无法处理三体或三体以上的颗粒碰撞 [81]。随机性方法是根据两个颗粒间的碰撞概率确定的，这种方法消除了碰撞次序对整体进程的影响，在一个步骤中考虑了所有月尘颗粒之间的碰撞 [81−83]。

同时，颗粒间碰撞模型也分为两类：确定性模型和随机性模型。确定性模型包括硬球模型、软球模型两种。硬球模型源于分子动力学模拟 (molecular dynamic simulation, MDS)。硬球模型颗粒间的碰撞为瞬间二元碰撞，碰撞过程中颗粒本身不会发生形变，碰撞时的主要作用力为瞬时冲力，忽略其他的外力[81,84,85]。该方法的优点在于能够获得颗粒详尽的运动信息，但是对大量颗粒的情况存在一定局限性[85]。软球模型基于土力学中的离散单元法发展而来，软球模型假设颗粒碰撞可以持续一段时间，并允许颗粒在碰撞过程中发生轻微的重叠现象，采用弹簧、阻尼器和活塞模拟颗粒与颗粒之间和颗粒与壁面之间的碰撞过程[84,85]。该方法的基本方程为动量方程和动量矩方程，它假定两个颗粒碰撞时颗粒形状保持不变，可以相互叠加，两个颗粒所受的力也随着叠加量的增加而增大[85]。例如，He 等[51] 采用相邻网格接触检测格式 (neighboring-cell contact detection scheme)，根据颗粒间位置关系确定发生碰撞的颗粒，利用确定性方法的硬球模型考虑颗粒间的碰撞过程，通过能量损失系数考虑碰撞过程带来的能量损失。

随机性模型主要有三种：直接求解玻尔兹曼方程、轨道踪迹法和直接模拟蒙特卡罗方法。采用直接求解玻尔兹曼方程可以获得颗粒的速度分布函数，但是该方法仅适用于低浓度的气固耦合问题的模拟[86]。美国弹道研究室曾用轨道计算法 (trajectory calculation) 进行弹道计算[87]，它的基本步骤是：① 逐一计算单个颗粒在流场中的运动与碰撞；② 每次计算一个颗粒的运动和碰撞后，统计该颗粒所在网格的宏观特性；③ 依据网格的宏观特性产生一个模拟分子，网格内下一个颗粒的碰撞以此为基础，通过不断循环得到颗粒碰撞后的特性。直接模拟蒙特卡罗方法通过一定数量的模拟分子来代表大量的真实颗粒，将模拟分子的运动过程和碰撞过程解耦，颗粒间的碰撞由模拟颗粒间的碰撞概率决定[88,89]。

月球表层的月壤颗粒存在多种直径，月壤颗粒受力后进一步破碎并分散，称为多分散颗粒流。月球土壤的风化松散层具有非常宽泛的粒径分布，跨度至少为两个数量级，导致了一些有趣的空间物理现象，例如，小颗粒的强内聚力和流体特性等[90-92]。2008 年，Metzger 等[93] 将月壤颗粒假设为气体分子，通过气体分子之间的碰撞分析获得月壤颗粒的分布规律。同年，Lane 等[42] 将月壤颗粒看成是固体球体颗粒，通过月壤颗粒的受力分析得到运动轨迹。2009 年，Metzger 等[94,95] 采用 CFD 方法分析了气体射流对月壤颗粒的冲击，结果表明，月坑形成过程中，月坑内部月壤颗粒产生的剪切流使得月坑深度加大。2011 年，陆鑫等[38] 考虑月壤颗粒的运动受探测器的碰撞和月壤颗粒之间碰撞的共同作用，建立了三维月壤颗粒离散元计算模型，分析了着陆过程中月壤颗粒喷射和飘浮的特性与范围。同一时期，蔡国飙等[50,51] 在 Gimelshein 等[96,97] 的基础上提出了间接法，将月壤颗粒看成是气体分子，考虑气体分子间的碰撞对羽流场和月壤运动的影响。从 2013 年开始，Berger 等[98-100] 采用软球模型，通过离散元方法研究了月壤颗粒间的碰撞现象对侵蚀通量 (月壤颗粒被气体羽流从表面侵蚀喷射的过程中, 来自月表的月壤颗粒通量) 的影响, 并对距离喷射位置 0~4m 远的月壤颗粒轨迹进行了预测。从 2011 年开始, 李水清等分析了月壤颗粒这类黏性颗粒的流动特性及其关键影响因素 [101,102]; 基于离散元方法, 在颗粒层面/尺度上研究复杂黏性颗粒流动模拟 [103]; 建立了碰撞黏性接触阻尼模型, 分析了颗粒间碰撞问题 [104,105], 给出了颗粒团的黏附力和摩擦力等对颗粒团性质的影响机理和影响因素 [106,107]。2015 年, Morris 等 [108] 采用一种简单的碰撞方法分析颗粒间的碰撞过程, 通过确定碰撞概率, 将月壤颗粒的非弹性碰撞简化为能量损失系数, 分析颗粒间的相互碰撞问题。2015 年, 郑刚等 [76] 分析了相同直径的月壤颗粒之间的弹性和非弹性碰撞的相互作用, 并对比了不同碰撞方法对月壤颗粒运动轨迹的影响机理和影响因素。2021 年, 薄志刚等 [80] 基于确定性硬球碰撞模型建立了月壤颗粒的碰撞模型, 采用动量守恒和能量守恒方程, 探讨不同直径颗粒间碰撞现象的运动规律和影响因素。

综上所述, 月壤颗粒之间的相互碰撞对颗粒运动有很大的影响, 即月壤颗粒之间的相互碰撞问题研究不能忽略, 并与月壤颗粒的冲击速度、颗粒形状、能量损失系数、材料性质和冲击方向等因素直接相关。合理而准确地分析月壤颗粒间的相互碰撞问题, 需要进一步深入研究月壤颗粒的性质, 建立更加符合实际的碰撞模型, 结合确定性方法和随机性模型各自的优势, 不断深入探究月壤颗粒之间相互碰撞问题的影响机理和影响因素。

1.3.2 月壤颗粒的扩散问题

2020 年, 薄志刚等 [79] 采用三种方法分析了发动机羽流对月壤颗粒扩散现象的影响机理和影响规律, 并对比分析了三种扩散方法与未考虑扩散问题以及考虑双向耦合方法的异同。截至目前, 关于月壤颗粒扩散问题的研究未见国内外其他研究报道。

1.3.3 月壤颗粒与羽流的双向耦合问题

如前所述, 发动机羽流喷射的月壤颗粒浓度比较可观, 那么, 月壤颗粒对羽流的反作用是不能忽略的。目前, 月壤颗粒与发动机羽流双向耦合问题的研究比较常见的是采用 CFD 方法, 月壤颗粒对羽流场的作用体现在流体控制方程中的源项, 通过迭代收敛研究月壤颗粒与羽流的双向耦合问题。另一种研究方法采用 DSMC 方法, 从微观层面的双向耦合过程进行分析。2001 年, Gallis 等 [109] 利用 Green 函数建立了一个可以求解 DSMC 任意分子速度分布的稀薄场, 基于颗粒运动微观层面求解颗粒受力和受热的计算方法。2004 年, Burt 等 [86] 基于 Gallis 理论建立了气体分子在颗粒表面反射的唯象论模型, 描述气体分子在颗粒表面的微观碰撞行为, 发展了一种适用于 DSMC 的双向耦合计算方法。与此同时，从 2005 年起，Gimelshein 等 [96,97] 基于坐标转换的方法，考虑气体分子在颗粒表面的反射情况，分析了高空小型固体发动机出口的两相羽流场的双向耦合。Burt 等 [86] 和 Gimelshein 等 [96,97] 构造了适用于稀薄环境条件下气固两相流的双向耦合相互作用模型，并开展相关高稀薄气固两相流的研究。2012 年起，Morris 等 [61,110,111] 采用 Burt 等的双向耦合模型 [86]，使用大时间步的计算优化，分析了 200nm～11μm 范围共 6 个尺寸的月壤颗粒的空间分布，并讨论了单个发动机喷口和四喷口着陆器着陆过程对月壤颗粒运动的影响。2019 年，李阳等 [78] 分别采用微观双向耦合方法和宏观双向耦合方法分析了月壤颗粒与羽流场的相互作用，给出了月壤颗粒运动的影响机理和影响因素。2021 年，Chinnappan 等 [112] 基于自行开发的 NFS DSMC 程序，采用羽流与月壤颗粒间相互作用的动量和能量守恒方程，建立了羽流与月壤双向耦合计算方法，基于修正的 Robert 侵蚀模型计算月壤侵蚀质量 [35]，考虑了能量损失的月壤颗粒的非弹性碰撞，分析了双向耦合方法对羽流场和颗粒场分布的影响。

此外，He 等 [51] 参照 Gimelshein 等 [96,97] 对气体分子与颗粒碰撞的思路，提出两次坐标变换的间接法计算气体分子在颗粒表面的反射向量，明显提高了计算效率，并对着陆器发动机羽流与月壤相互作用进行了模拟。相对于以上直接考虑气体分子与颗粒碰撞的微观考虑方法，李洁等 [113,114] 基于气体分子与颗粒之间动量与能量守恒原理以及能量均分原理，分析气体分子平均速度、热运动速度以及内能的变化，建立了宏观气固相互作用模型，避免了直接考虑气体分子的碰撞，保证每个时间步内气体分子与颗粒相互作用的动量守恒和能量守恒。

综上所述，目前月壤颗粒与发动机羽流相互作用的双向耦合方法有两种，一种是以两相之间相互作用的动量守恒和能量守恒为基础，另一种是以模拟气体分子与月壤颗粒之间的微观碰撞分析为基础。尽管已经开始尝试不同的双向耦合研究方法，但更加合理与准确的双向耦合计算方法还需进一步深入研究探索。

1.4   本书主要研究内容

本书面向国家重大科技专项 "探月工程" 遇到的月球着陆器着陆过程中亟须解决的一个关键科学问题，以月壤颗粒与羽流相互作用为研究对象，研究羽流冲击月表形成月坑、月壤颗粒在羽流场中受力的影响因素以及月壤颗粒与羽流相互作用几个关键问题。本书研究包括以下三个方面的内容。

(1) 月壤颗粒与发动机羽流场相互作用的流固耦合计算方法。

第 2 章根据着陆器登陆月球的实际物理现象，从基本力学方程出发建立了羽流侵蚀月壤颗粒和月壤颗粒在发动机羽流作用下的受力平衡方程，分析了月壤颗粒的临界剪应力，研究了月壤颗粒被喷射的临界质量和月表形成月坑的尺寸。第

3 章针对月球表面稀薄气体环境，基于 CFD/DSMC 耦合方法分析羽流场，给出羽流场的分区。第 4 章给出了计算参数的影响和精确性验证。第 5 章分析了月壤颗粒在羽流场中受力的主要影响因素，通过量级分析确定了月壤颗粒的主要作用力和次要作用力，并提出了月壤颗粒的修正因素。

(2) 月壤颗粒与发动机羽流场相互作用的几个关键问题研究。

第 6 章提出月壤颗粒之间的完全弹性和非完全弹性碰撞计算方法，分析了月壤颗粒相互碰撞的影响机理和影响因素。第 7 章提出两种方法研究了羽流对月壤颗粒的扩散问题，分析了月壤颗粒扩散现象的影响机理和影响因素。第 8 章提出宏观双向耦合方法和微观双向耦合方法，给出了两种双向耦合方法对月壤颗粒的影响机理与影响因素。

(3) 与阿波罗登月实测数据的对比验证。

第 9 章采用本书提出的 6 种研究方法，与阿波罗登月过程的实测数据进行了对比分析，验证了本书研究方法的精确性和可靠性。

参 考 文 献

[1] 中国国家航天局: http://www.cnsa.gov.cn/.

[2] 阿波罗月球表面杂志: https://www.hq.nasa.gov/alsj/.

[3] 欧阳自远. 月球科学概论 [M]. 北京. 中国宇航出版社, 2005.

[4] Gaier J R. The effects of lunar dust on EVA system during the Apollo mission[R]. NASA/TM-213610, 2005.

[5] 沈羡云. 载人登月的危险因素——月尘 [J]. 中国航天, 2011, (5): 29-35.

[6] 张涛, 绍兴国, 向艳超. 月尘对热控系统的退化影响 [J]. 航天器工程, 2010, 19(5): 82-87.

[7] 刘志全, 黄传平. 月球探测器软着陆机构发展综述 [J]. 中国空间科学技术, 2006, (1): 33-39.

[8] 沈祖炜. 阿波罗登月舱最终下降及着陆综述 [J]. 航天返回与遥感, 2008, 29 (1): 11-14, 27.

[9] Freden S C, Bates J R, O' Brien B J. Degradation of Apollo11 deployed instruments because of lunar module ascent effects[J]. The American Institute of Physics, 1970, 41(11): 4538-4541.

[10] O' Brien B J. Direct active measurements of movements of lunar dust: Rocket exhausts and natural effects contaminating and cleansing Apollo hardware on the Moon in 1969[J]. Geophysical Research Letters, 2009, 36: L09201.

[11] Christensen E M. Lunar surface mechanical properties: Surveyor results[J]. Radio Science, 1970, 5(2): 171-180.

[12] Hutton R E. Lunar surface erosion during Apollo 11, 12, 14, and 15 landings[C]. TRW Systems, Redondo Beach, USA, 1971.

[13] Wagner S. The Apollo expericence lessons learned for constellation lunar dust management[R]. NASA Technical Report, 2006.

[14] 探月工程数据发布与信息服务系统：http://moon.bao.ac.cn/.

[15] Walton O R. Adhesion of lunar dust [R]. NASA /CR-2007-214685, 2007.

[16] 叶培健, 肖福根. 月球探测工程中的月球环境问题 [J]. 航天器环境工程, 2006, 23(1): 1-11.

[17] Heiken G H, Vaniman D T, French B M. Lunar Sourcebook: A User's Guide to the Moon[M]. Cambridge: Cambridge University Press, 1991.

[18] Lindsay J F. Lunar Stratigraphy and Sedimentology[M]. Amsterdam: Elsevier Scientific Publishing Company, 1976.

[19] Park J, Liu Y, Kihm K D, et al. Characterization of lunar dust for toxicological studies. I: particle size distribution[J]. Journal of Aerospace Engineer, 2008, 21(4): 266-271.

[20] Talor L A, Schmitt H H, Carrier W D, et al. Lunar dust problem: From liability to asset[C]. 1st Space Exploration Conference: Continuing the Voyage of Discovery, Florida, USA, 2005:2510.

[21] Stubbs T J, Vondrak R R, Farrell W M. Impact of lunar dust on the exploration initiative[C]. AGU Fall Meeting, Greenbelt, USA, 2005:1-6.

[22] Gaier J R. Effects of lunar dust on EVA systems during the Apollo missions[R]. NASA/ TM-2005-213610, 2005.

[23] Immer C D, Metzger P T, Hintze P E, et al. Apollo 12 lunar module exhaust plume impingement on Lunar Surveyor III[J]. Icarus, 2011, 211(2): 1089-1102.

[24] Metzger P T, Immer C D, Donahue C M, et al. Jet-induced cratering of a granular surface with application to lunar spaceports[J]. Journal of Aerospace Engineering, 2009, 22(1): 24-32.

[25] Haehnel R B, Dade W B, Cushman-Roisin B. Crater evolution due to a jet impinging on a bed of loose particles[C]. 11th Biennial Asce Aerospace Division International Conference on Engineering, Science, Construction, and Operations in Challenging Environments, California, USA, 2008.

[26] Donahue C M, Metzger P T, Immer C D. Empirical scaling laws of rocket exhaust cratering[C]. 56th International Astronautical Congress , Fukuoka, Japan, 2005:1-4.

[27] Mason C C, Nordmeyer E F. An empirically derived erosion law and its application to lunar module landing[J]. Geological Society of American Bulletin, 1969, 80(9): 1783-1788.

[28] Roberts L. The action of a hypersonic jet on a dust layer[R]. NASA Technical Report, 1963: 19630015458.

[29] Zeng X, He Ch, Oravec H, et al. Geotechnical properties of JSC-1A lunar soil simulant[J]. Journal of Aerospace Engnieering, 2010, 2(2): 111-116.

[30] Metzger P T, Smith J, Lane J E. Phenomenology of soil erosion due to rocket exhaust on the Moon and the Mauna Kea lunar test site[J]. Journal of Geophysical Research, 2011, 116: E06005.

[31] Immer C D, Metzger P T. Rocket crater in simulated Lunar and Martian environments[C]. Earth and Space 2010, Honolulu, Hawaii, 2010: 182-190.

[32] Mason C C. Comparison of actual versus predicted lunar surface erosion caused by Apollo 11 descent engine[J]. Geological Society of American Bulletin, 1970, 81(6): 1807-

1812.

[33]   Gebhart J. Optical direct-reading techniques: Light intensity systems[J]. Aerosol Measurement Principles Techniques and Applications. 2001,55: 419-454.

[34]   Immer C D, Lane J E, Metzger P T, et al. Apollo video photogrammetry estimation of plume impingement effects[J]. Icarus, 2011, 214(1): 46-52.

[35]   Lane J E, Metzger P T. Estimation of Apollo lunar dust transport using optical extinction measurements[J]. Acta Geophysica, 2015, 63(2): 568-599.

[36]   Katzan C M, Edwards J L. Lunar dust dransport and dotential interactions with power system components [R]. NASA-CR-4404, 1991.

[37]   王淑彦, 何玉荣, 刘国栋, 等. 二维拱形模拟体作用下月壤颗粒悬浮过程研究 [C]. 多相流学术会议, 中国工程热物理学会, 大庆, 2007: 326-331.

[38]   陆鑫, 黄勇, 李雯, 等. 着陆作用下月尘激扬的三维离散元分析 [J]. 航天器工程, 2011, 20(1): 101-108.

[39]   王福军. 计算流体动力学分析 [M]. 北京: 清华大学出版社, 2004.

[40]   沈青. 稀薄气体动力学 [M]. 北京: 国防工业出版社, 2003.

[41]   Bird G A. Molecular Gas Dynamics and the Direct Simulation of Gas Flows[M]. Oxford: Clarendon Press, 1994.

[42]   Lane J E , Metzger P T , Immer C D, et al. Lagrangian trajectory modeling of lunar dust particles[C]. 11th Biennial ASCE Aerospace Dvision International Conference on Engineering, Science, Construction, and Operation in Challenging Environments, Long Beach, California, United States, 2008: 1-9.

[43]   Marichalar J , Prisbell A , Lumpkin F, et al. Study of plume impingement effects in the lunar lander environment[C]. 27th International Symposium on Rarefied Gas Dynamics, 2010 AIP Conf. Proc, Pacific Grove, California, USA, 2010: 589-594.

[44]   Morris A B, Goldstein D B, Varghese P L. Plume impingement on a dusty lunar surface[C]. 27th International Symposium on Rarefied Gas Dynamics, 2010 AIP Conf. Proc, Pacific Grove, California, USA, 2010.

[45]   Morris A B, Goldstein D B, Varghese P L, et al. Plume impingement on a dusty lunar surface[J]. AIP Conference Proceedings, 2011, 1333(1): 1187-1192.

[46]   Roberts L, South J C. Comments on exhaust flow field and surface impingement[J]. AIAA Journal, 1964, 2(5): 971-973.

[47]   Roberts L. Interaction of a Rocket Exhaust with the Lunar Surface[C]. Fluid Dynamic Aspects of Space Flight, New York, UAS, 1966.

[48]   Tosh A, Liever P A, Arslanbekov R R, et al. Numerical analysis of spacecraft rocket plume impingement under lunar environment[J]. Journal of Space Rockets, 2011, 48(1): 93-102.

[49]   Liever P A, Tosh A, Arslanbekov R R, et al. Modeling of rocket plume impingement flow and debris transport in lunar environment[C]. 50th AIAA Aerospace Sciences Meeting including the New Horizons Forum and Aerospace Exposition, Nashville, Tennessee, 2012.

[50] 张建华, 贺碧姣, 蔡国飙. 轴对称羽流流场数值模拟和实验验证 [J]. 北京航空航天大学学报, 2011, 37(5): 524-527.

[51] He X, He B, Cai G. Simulation of rocket plume and lunar dust using DSMC method[J]. Acta Astronautica, 2012, 70(1): 100-111.

[52] 傅晓晶, 王成, 戴树岭. 发动机羽流作用下的实时月尘运动仿真 [J]. 北京航空航天大学学报, 2012, 38(8): 1096-1100.

[53] Liu D, Yang S, Wang Z, et al. On rocket plume, lunar crater and lunar dust interactions[C]. 48th AIAA Aerospace Sciences Meeting Including the New Horizons Forum and Aerospace Exposition, Orlando, Florida, 2013.

[54] Yim J, Sibé F, Lerardo N. Plume impingement analysis for the European Service Module Propulsion System[C]. 50th AIAA/ASME/SAE/ASEE Joint Propulsion Conference, Cleveland, OH, 2014.

[55] Sharma A K, Pisharady J C, Kumar S S, et al. Plume flow field aanlysis for lander propulsion system of Chandrayaan-2 mission[C]. 68th International Astronautical Congress(IAC), Adelaide, Australia, 2017.

[56] Mylswamy A, Krishnan A, Alex T K, et al. Chandrayaan-2: India's first soft-landing mission to Moon[C]. 39th COSPAR Scientific Assembly, Mysore, India, 2012.

[57] Ejtehadi O, Rahimi A, Myong R S, et al. Complex wave patterns in dilute gas-particle flows based on a novel discontinuous Galerkin scheme[J]. International Journal of Multiphase Flow, 2018, 104: 125-151.

[58] Ejtehadi O, Rahimi A, Myong R S. Investigation of a trifold interaction mechanism of shock, vortex, and dust using a DG method in a two-fluid model framework[J]. Powder Technology, 2020, 374: 121-138.

[59] Ejtehadi O, Myong R S. A modal discontinuous Galerkin method for simulating dusty and granular gas flows in thermal non-equilibrium in the Eulerian framework[J]. Journal of Computational Physics, 2020, 411: 109410.

[60] Rahimi A, Ejtehadi O, Lee K H, et al. Near-field plume-surface interaction and regolith erosion and dispersal during the lunar landing, Acta Astronautica, 2020, 175: 308-326.

[61] Morris A B, Goldstein D B, Varghese P L, et al. Lunar dust transport resulting from single- and four-engine plume impingement[J]. AIAA Journal, 2016, 54(4): 1339-1349.

[62] Yan W, Li S, Zhang Y, et al. Effects of dipole moment and temperature on the interaction dynamics of titania nanoparticles during agglomeration[J]. The Journal of Physical Chemistry, 2010, 114(24): 10755-10760.

[63] Zhang Y, Li S, Yan W, et al. Role of dipole-dipole interaction on enhancing Brownian coagulation of charge-neutral nanoparticles in the free molecular regime[J]. Journal of Chemical Physics, 2011, 134: 084501.

[64] Zhang Y, Li S, Deng S, et al. Direct synthesis of nanostructured TiO_2 films with controlled morphologies by stagnation swirl flames[J]. Journal of Aerosol Science, 2012, 44: 71-82.

[65] Zhang Y, Li S, Yan W, et al. Effect of size-dependent grain structures on the dynamics

of nanoparticle coalescence[J]. Journal of Applied Physics, 2012, 111(12): 124321.

[66] Zhang Y, Li S, Yan W, et al. Nanoparticle transport and deposition in boundary layer of stagnation-point premixed flames[J]. Powder Technology, 2012, 227: 24-34.

[67] Huang B, Yao Q, Li S, et al. Experimental investigation on the particle capture by a single fiber using microscopic image technique[J]. Powder Technology, 2006, 163(3): 125-133.

[68] Li S, Marshall J S. Discrete element simulation of micro-particle deposition on a cylindrical fiber in an array[J]. Journal of Aerosol Science, 2007, 38(10): 1031-1046.

[69] Yang M, Li S, Yao Q. Mechanistic studies of initial deposition of fine adhesive particles on a fiber using discrete-element methods[J]. Powder Technology, 2013, 248: 44-53.

[70] Chen S, Liu W, Li S. Effect of long-range electrostatic repulsion on pore clogging during microfiltration[J]. Physical Review E, 2016, 94(6): 063108.

[71] Chen S, Liu W, Li S. Scaling laws for migrating cloud of low-Reynolds-number particles with Coulomb repulsion[J]. Journal of Fluid Mechanics, 2018, 835: 880-897.

[72] Chen S, Li S, Marshall J S. Exponential scaling in early-stage agglomeration of adhesive particles in turbulence[J]. Physical Review Fluids, 2018, 4(2): 024304.

[73] Kang W, Feng Y, Liu C, et al. A rchimedes' law explains penetration of solids into granular media[J]. Nature Communications, 2018, 9:1101.

[74] Chen T, Zhao Z, Schwartz S R, et al. Invariance of conveying capacity for drilling into lunar soil simulant[J]. Advances in Space Research, 2019, 64(9): 1816-1824.

[75] 耿动梁, 任德鹏, 叶青, 等. 羽流场与月壤颗粒相互作用的一种新计算方法 [J]. 宇航学报, 2014, 35(8): 884-892.

[76] 郑刚, 崔玉红, 于伟, 等. 考虑相互碰撞影响的月壤颗粒运动轨迹计算方法研究 [J]. 空间科学学报, 2015, 35(4): 486-494.

[77] 邵亦琪, 崔玉红, 郑刚, 等. 真空环境下月壤颗粒受力影响因素及对空间分布的影响 [J]. 空间科学学报, 2016, 36(1):1-11.

[78] Li Y, Ren D, Bo Z, et al. Gas-particle two-way coupled method for simulating the interaction between a rocket plume and lunar dust[J]. Acta Astronautica, 2019, 157: 123-133.

[79] Bo Z, Feng Y, Huang W, et al. Diffusion phenomenon of lunar soil particles under a plume in a vacuum[J]. Acta Astronautica, 2020, 171: 403-414.

[80] Bo Z, Xie Y, Li Y, et al. Coillision phenomenon of lunar soil particles under engine plume in a vacuum by numerical simulation [J]. Acta Astronautica, 2021, 189: 615-623.

[81] Crowe C, Sommerfeld M, Tsuji Y. Multiphase Flow with Droplets and Particles[M]. New York: CRC Press, 1998.

[82] Alder B J, Wainwright T E. Phase transition for a Hard Sphere system[J]. Journal of Chemical Physics, 1957, 27(5): 1208-1209.

[83] Campbell C S, Brennen C E. Computer simulations of granular shear flows[J]. Journal of Fluid Mechanics, 1983, 151(1): 167-188.

[84] Cundall P A, Strack O. A discrete numerical model for granular assemblies[J]. Geotechnique, 1979, 29(1): 47-65.

[85] 仇轶, 由长福, 祁海鹰, 等. 用 DEM 软球模型研究颗粒间的接触力 [J]. 工程热物理学报, 2002, 23(增刊): 197-200.

[86] Burt J, Boyd I. Development of a two-way coupled model for two phase rarefied flows[C]. 42nd AIAA Aerospace Sciences Meeting and Exhibit, Renon, Nevada, 2004.

[87] Goodings D J, Lin C. Geotechnical properties of the Marylandsanders lunar stimulant[J]. Geotechnical Testing Journal, 1995, 18(2): 286-291.

[88] Li Y, Liu J, Yue Z. NAO-1: lunar highland soil simulant developed in China[J]. Aerospace Engineering, 2009, 22(1): 53-57.

[89] Arslan H, Batiste S, Sture S. Engineering properties of lunar soil simulant JSC-1A[J]. Aerospace Engineering, 2009, 23(1): 70-83.

[90] Rame E, Wikinson A, Elliot A, et al. Flowability of lunar soil stimulant JSC-1A[J]. Gramular Matter, 2010, 12(2): 173-183.

[91] Hartzell C M, Scheeres D J. The role of cohesive forces in particle launching on the Moon and asteroids[J]. Planetary and Space Science, 2011, 59(14): 1758-1768.

[92] Li Y, Liu J, Zou Y, et al. Two lunar mare soil stimulants[J]. Acta Geological Sinica, 2011, 85(5): 1016-1021.

[93] Metzger P T, Lane J E, Immer C D. Modification of Roberts theory for rocket exhaust plumes eroding lunar soil[C]. 11th ASCE Aerospace Division International Conference (Earth and Space 2008), Long Beach, CA, USA, 2008:1-8.

[94] Metzger P T, Latta R C, Schuler J M, et al. Craters formed in granular beds by impinging jets of gas [J]. AIP Conference Proceedings, 2009, 1145(1): 767-770.

[95] Metzger P T, Immer C D, Donahue C M, et al. Jet-induced cratering of a granular surface with application to lunar spaceports[J]. Journal of Aerospace Engineering, 2009, 22(1): 24-32.

[96] Gimelshein S, Alexeenko A, Wadsworth D, et al. The influence of particulates on thruster plume / shock layer interaction at high altitudes[C]. 43rd AIAA Aerospace Sciences Meeting and Exhibit, Reno, Nevada, 2005: 766.

[97] Gimelshein S, Markelov G, Muylaert J. Numerical modeling of low thrust solid propellant nozzles at high altitudes[C]. 9th AIAA/ASME Joint Thermophysics and Heat Transfer Conference, San Francisco, Califomia, 2006.

[98] Berger K J, Anada A, Metzger P T, et al. Role of collisions in erosion of regolith during a lunar landing[J]. Physical Review E, 2013,87(2): 1-14.

[99] Berger K J, Hrenya C M. Predicting regolith erosion during a lunar landing: role of continuous size distribution[J]. Journal of Aerospace Engineering, 2017, 30(5): 04017027.

[100] Berger K J, Hrenya C M. Impact of a binary size distribution on partilce erosion due to an impinging gas plume[J]. AIChe Journal, 2016, 62(4): 984-995.

[101] Li S, Marshall J S, Liu G, et al. Adhesive particulate flow: The discrete-element method and its application in energy and environmental engineering[J]. Progress in Energy and

Combustion Science, 2011, 37(6): 633-668.

[102] Marshall J S, Li S. Adhesive Particle Flow: A Discrete-Element Approach[M]. Cambridge: Cambridge University Press, 2014.

[103] Liu G, Li S, Yao Q. A JKR-based dynamic model for the impact of micro-particle with a flat surface[J]. Powder Technology. 2011, 207(3): 215-223.

[104] Zhu R, Li S, Yao Q. Effects of cohesion on the flow patterns of granular materials in spouted beds[J]. Physical Review E Statistical Nonlinear & Soft Matter Physics, 2013, 87(2): 022206.

[105] Chen S, Li S, Yang M. Sticking/rebound criterion for collisions of small adhesive particles: Effects of impact parameter and particle size[J]. Powder Technology, 2015, 274: 431-440.

[106] Liu W, Jin Y, Chen S, et al. Equation of state for random sphere packings with arbitrary adhesion and friction[J]. Soft Matter, 2017, 13(2): 421-427.

[107] Chen S, Liu W, Li S. A fast adhesive discrete element method for random packings of fine particles[J]. Chemical Engineering Science, 2019, 193: 336-345.

[108] Morris A B, Goldstein D B, Varghese P L, et al. Approach for modeling rocket plume impingement and dust dispersal on the moon[J]. Journal of Spacecraft and Rockets, 2015, 52(2): 362-374.

[109] Gallis M A, Torczynski J R, Rader D J. An approach for simulating the transport of spherical particles in a rarefied gas flow via the direct simulation Monte Carlo method[J]. Physics of Fluids, 2001, 13(11): 3482-3492.

[110] Morris A B, Goldstein D B, Varghese P L, et al. Far field deposition of scoured regolith resulting from lunar landings[J]. AIP Conference Proceedings, 2012, 1501: 1220-1227.

[111] Morris A B, Goldstein D B, Varghese P L, et al. Modeling the interaction between a rocket plume, ecoured regolith, and a plume deflection fence[C]. thirteenth ASCE Aerospace Division Conference on Engineering, Science, Construction, and Operations in Challenging Environments, and the 5th NASA/ASCE Workshop On Granular Materials in Space Exploration, Pasadena, California, United States, 2012: 189-198.

[112] Chinnappan A K, Kumar R, Arghode V K. Modeling of dusty gas flows due to plume impingement on a lunar surface[J]. Physical of Fluids, 2021, 33(5): 053307.

[113] 李洁, 任兵, 陈伟芳. 稀薄流过渡区气固两相喷流的建模与数值模拟 [J]. 空气动力学学报, 2005, 23(4): 484-489.

[114] 李洁, 尹乐, 颜力. 稀薄流气粒两相耦合作用的热力学模型 [J]. 国防科技大学学报, 2009, 31(3): 6-10.

第 2 章 月壤颗粒被喷射的临界质量和月表形成月坑的尺寸

我们知道，风化松散的月表土壤在月球着陆器发动机羽流作用下被激起飞扬是登月过程不可避免的现象，被激起飞扬的月壤颗粒会对着陆的能见度和后续的月面任务带来很大危险和不确定性 [1-6]。同时，风化松散的月表土壤被破坏后，月表可能会形成坑状地形 (月坑)，对着陆器的稳定着陆也带来很大风险和更多影响 [3-6]，如图 2-1 所示为发动机羽流侵蚀月坑和喷射月壤颗粒的示意图。因此，建立合理而准确的计算方法研究羽流作用下月壤颗粒被激起飞扬的现象，研究月壤颗粒被喷射的临界质量和月表形成月坑的尺寸是本书的第一个关键问题。

图 2-1 发动机羽流侵蚀月坑和喷射月壤颗粒的示意图

我们知道，一个月壤颗粒与一个气体分子之间的物理参数大小少则相差 10^{14} 个量级，多则相差 10^{23} 个量级，将羽流场中的月壤颗粒看作气体或者流体介质，这样的假设可能会引起无法估计的误差。同时，月壤颗粒具有固体材料属性，月壤颗粒的剪应力、压应力、孔隙率及运动特性等是气体分子属性无法充分表达的 [1]。因此，基于着陆器登陆月球过程的真实物理过程，本章提出了基于 Mohr-Coulomb 破坏准则和满足动量方程的月壤颗粒被喷射的临界质量以及月表形成月坑的尺寸的计算方法 [1,7]。

2.1 节介绍发动机羽流侵蚀月坑的四种机理，概述了月壤颗粒与羽流场相互作用的物理过程；2.2 节给出月壤颗粒被破坏的受力临界平衡方程，基于 Mohr-Coulomb 破坏准则推导了月壤颗粒发生破坏的临界剪应力；2.3 节推导月壤颗粒被喷射的临界质量和月表形成月坑的尺寸；2.4 节给出月壤颗粒在羽流场中的动力学方程；2.5 节是本章小结。

2.1 发动机羽流侵蚀月坑的机理

发动机羽流侵蚀风化松散的月表土壤是一个复杂的过程，机理主要有四种 [1-4]。① 气流侵蚀。气流侵蚀是指羽流对月表的颗粒产生压力和剪力，引起月壤颗粒被喷射并滚动，将月壤颗粒冲刷出月坑。② 扩散气体喷发。发动机喷出的气体对月表下方的颗粒间隙加压并填充，引起月壤颗粒的环形喷发。③ 承载力破坏。发动机喷射出的气体给月表土壤带来压力和剪力，当其超过了月表土壤的承载能力时，引起月壤的滚动。④ 扩散气流驱动。高速气流流过月壤颗粒的间隙，对月壤颗粒产生一个分布式的体积力，驱动月壤颗粒运动。到目前为止，人们普遍接受的羽流侵蚀月壤的机理为气流侵蚀和承载力破坏 [3]。

本章在探讨月壤颗粒与发动机羽流的相互作用时，将整个过程划分为两个阶段 [1,7]：① 发动机羽流侵蚀月壤颗粒，月壤颗粒之间的自然堆积状态被破坏。推导月壤颗粒被羽流侵蚀的质量，并给出月表不同位置形成的月坑尺寸；② 月壤颗粒被羽流侵蚀后，被喷射的月壤在羽流场中的运动规律。因此，本章首先计算月壤颗粒被羽流侵蚀后喷射的质量；其次将喷射月壤颗粒的质量置入羽流场中，计算月壤颗粒的空间运动轨迹。在实际物理过程中，上述两个阶段几乎是同时进行的。为了方便计算，本章在计算时分为两个阶段，两个阶段的时间步假设为同步的，与实际物理过程一致。

发动机下降过程中羽流侵蚀月壤颗粒，并在月球表面形成新的月坑示意图，如图 2-2 所示 [7]，发动机羽流对月表土壤表面形成的作用力假设由压力 P 和剪力 τ 组成。月球着陆器逐渐下降到月球表面过程中，随着发动机喷口距离月表高度的不断降低，喷出的羽流在月表引起的压力和剪力也在不断增加，即羽流对月壤颗粒的侵蚀是一个逐步累加的过程。因此，本章将羽流侵蚀月壤颗粒的过程划分为有限多个时间步，通过每个时间步计算出羽流侵蚀月壤颗粒的质量，然后将每个时间步累加来实现羽流侵蚀月壤颗粒的整个过程。

发动机羽流与月壤颗粒相互作用的计算模型如图 2-3 所示 [7]。由于发动机喷口具有轴对称性，为了提高计算效率，以发动机喷口轴线为对称轴，选择二维轴对称计算模型。月球土壤可以看作散粒体，划分为有限个计算单元；月表的上方是发动机喷口出口形成的羽流场，也划分为有限个计算单元，如图 2-3 所示。可以看出，在一个固定的时间步内，发动机喷口距离月表的高度固定时，发动机羽流在月表土壤引起的压力和剪力随着远离发动机喷口轴线的距离而逐渐减少。因此，将羽流侵蚀月壤的过程在划分为不同时间步的同时，也将月表的月壤颗粒划分为不同的单元, 如图 2-3 所示。同时, 月壤颗粒网格中被羽流侵蚀的月壤质量, 将其置入与此毗邻的羽流场网格里, 进一步进行月壤颗粒运动分析。通过计算每个时间步中每个单元内月壤颗粒与羽流的相互作用, 分析羽流侵蚀月壤的整个过程。

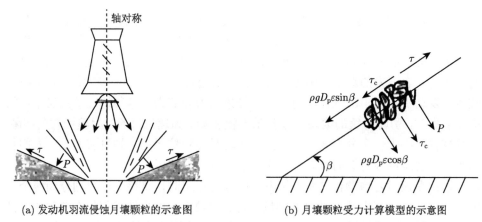

(a) 发动机羽流侵蚀月壤颗粒的示意图　　　　(b) 月壤颗粒受力计算模型的示意图

图 2-2　发动机羽流侵蚀月壤颗粒和月壤颗粒受力计算模型的示意图 [7]

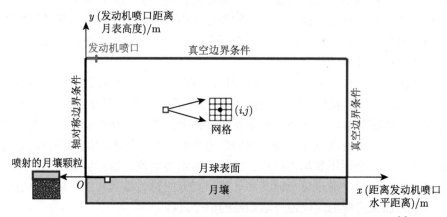

图 2-3　发动机羽流与月壤颗粒相互作用计算模型和网格划分示意图 [7]

本节介绍了四种羽流侵蚀月壤的机理, 包括气流侵蚀、扩散气体喷发、承载力破坏和扩散气流驱动, 并阐述了月壤颗粒与羽流相互作用的物理过程、计算过程划分和计算模型。

2.2 月壤颗粒被破坏的受力临界平衡方程

堆积在月表的月壤颗粒受到羽流的冲击后，首先需要判断月壤是否会被破坏。本节建立发动机羽流作用下月壤颗粒能否被破坏的受力临界平衡方程，基于 Mohr-Coulomb 破坏准则，推导月壤颗粒被破坏的临界剪应力。

发动机羽流侵蚀月壤颗粒的受力计算模型如图 2-2(b) 所示，假设月壤颗粒被破坏满足 Mohr-Coulomb 破坏准则，则由图 2-2(b) 可知，月壤颗粒介于静止与移动的受力临界平衡方程为

$$\frac{总剪应力}{总正应力} = \frac{\tau^* - \rho g D_{\mathrm{p}} \varepsilon \sin\beta - \tau_{\mathrm{c}}}{\rho g D_{\mathrm{p}} \varepsilon \cos\beta + P + \tau_{\mathrm{c}}} = \tan\alpha \tag{2-1}$$

其中，P 为羽流对月表的正应力，τ^* 为月壤颗粒开始移动的临界剪应力，τ_{c} 为月壤颗粒的内聚力，$\rho g D_{\mathrm{p}} \varepsilon$ 为上层月壤颗粒对下层月壤颗粒的压应力，β 为月坑斜面与水平位置夹角，α 为月壤颗粒的内摩擦角，ρ 为月壤颗粒的密度，g 为月球的重力加速度，ε 为月壤颗粒的孔隙比，D_{p} 为月壤颗粒的直径。

方程 (2-1) 两边移项有

$$\tau^* = \rho g D_{\mathrm{p}} \varepsilon \sin\beta + \tau_{\mathrm{c}} + (\rho g D_{\mathrm{p}} \varepsilon \cos\beta + P + \tau_{\mathrm{c}}) \tan\alpha \tag{2-2}$$

当初始月表保持平坦，即 $\beta = 0$ 时，上式变为

$$\tau^* = \tau_{\mathrm{c}} + (\rho g D_{\mathrm{p}} \varepsilon + P + \tau_{\mathrm{c}}) \tan\alpha \tag{2-3}$$

由于 $\rho g D_{\mathrm{p}} \varepsilon$ 远小于羽流场对月表的正应力 P，故方程 (2-3) 可简化为

$$\tau^* = \tau_{\mathrm{c}} + (P + \tau_{\mathrm{c}}) \tan\alpha \tag{2-4}$$

因此，公式 (2-2) 为月壤颗粒能否被破坏的临界剪应力 τ^*。若羽流场侵蚀月壤颗粒的剪应力 τ 大于临界剪应力 τ^*，则通过公式 (2-2) 可以判定月壤颗粒可以被破坏，否则表示不能被破坏。

公式 (2-2) 中羽流侵蚀月壤颗粒的压应力与切应力是必要的物理参数，下面给出月壤颗粒压应力与切应力的计算公式。

当大量密集的气体粒子冲击一个平面时，会对平面产生持续的力的作用，如果气体粒子与平面法线方向有夹角，那么，这个力可以分解为垂直于平面的压力和平行于平面的剪力。假设单位时间内落到月表土壤的气体粒子个数为 n_{t}，Δt 时间内落到月表土壤的气体粒子总数为 $N = n_{\mathrm{t}} \Delta t$，则气体粒子传递给月壤颗粒的法向作用力 F_{n} 和切向作用力 F_{τ} 有

$$F_{\mathrm{n}}\Delta t = n_{\mathrm{t}}\Delta t m_{\mathrm{g}} u_{\mathrm{g}} \tag{2-5}$$

$$F_{\tau}\Delta t = n_{\mathrm{t}}\Delta t m_{\mathrm{g}} v_{\mathrm{g}} \tag{2-6}$$

即

$$F_{\mathrm{n}} = n_{\mathrm{t}} m_{\mathrm{g}} u_{\mathrm{g}} \tag{2-7}$$

$$F_{\tau} = n_{\mathrm{t}} m_{\mathrm{g}} v_{\mathrm{g}} \tag{2-8}$$

其中，m_{g} 为气体粒子质量，u_{g} 和 v_{g} 为气体粒子的法向速度和切向速度。通过公式 (2-7) 和公式 (2-8) 可以计算出月壤颗粒受到羽流的压力和剪力，再除以撞击月壤颗粒部分的面积，就可以获得相应的压应力和剪应力。

根据文献 [2] 可知，平面具有一定粗糙度的情况下，羽流对平面的剪切应力可以用动压力来表示

$$\tau = \frac{1}{2}\rho_{\mathrm{g}} v_{\mathrm{g}}^2 \tag{2-9}$$

其中，ρ_{g} 为羽流场的密度，v_{g} 为羽流场沿着月球表面的切向速度。

总之，公式 (2-2) 给出了月壤颗粒在羽流作用下被破坏的临界剪应力，公式 (2-7) 和公式 (2-8) 是月壤颗粒受到羽流作用的法向力和切向力，公式 (2-9) 给出了在月表土壤具有粗糙度的情况下的剪应力公式。

2.3　月壤颗粒被喷射的临界质量和月表形成月坑的尺寸推导

基于 2.1 节月壤颗粒与羽流相互作用的计算过程划分和计算模型，以及 2.2 节给出的月壤颗粒被破坏的临界剪应力，本节推导月壤颗粒被喷射的临界质量和月表形成月坑尺寸的公式。

月壤颗粒与发动机羽流相互作用的计算模型如图 2-3 所示，假设月壤颗粒为散粒体，将月壤颗粒 (质点) 划分为有限个单元。按照 2.1 节所述，把整个过程分为有限多个时间步，根据动量定理，在 t 时刻一个时间步长 Δt 内一个月壤颗粒单元动量的变化等于冲量的大小，有

$$(M\boldsymbol{v})|_{t+\Delta t} - (M\boldsymbol{v})|_t = \boldsymbol{F}\Delta t \tag{2-10}$$

假设在 t 时刻月壤颗粒速度为零，在 $t + \Delta t$ 时刻只有部分质点产生了运动，这部分喷射的月壤颗粒质量假设为 ΔM，运动速度为 $\boldsymbol{v}$，则方程 (2-10) 变为

$$\Delta M\boldsymbol{v} = \boldsymbol{F}\Delta t \tag{2-11}$$

即 ΔM 表示一个单元内一个 Δt 时间步被喷射月壤颗粒的临界质量 (如图 2-3 中黄色显示的月壤颗粒单元中喷射的月壤颗粒质量), 其中, $\boldsymbol{F}$ 为月壤颗粒所受的合外力。假设 A 为一个单元面积, 则上式可变为

$$\frac{\Delta M}{A}\boldsymbol{v} = \frac{\boldsymbol{F}}{A}\Delta t = \boldsymbol{\tau}_{\text{t}}\Delta t = ((\tau - \tau^*)\boldsymbol{e}_{\tau} + P\boldsymbol{e}_{\text{n}})\Delta t \qquad (2\text{-}12)$$

其中 $\Delta M/A$ 可以看作一个单位面积上月壤颗粒的临界质量, $\boldsymbol{\tau}_{\text{t}}$ 为月壤颗粒所受的合外应力, τ 为羽流对月壤颗粒的剪应力, τ^* 为月壤颗粒开始移动的临界剪应力, P 为羽流对月表的正应力。

通过实测数据与计算结果的对比, 本书引入一个试验系数 Φ 对月壤颗粒被喷射的临界质量公式 (2-12) 进行补充 [7], 即

$$\Phi\frac{\Delta M}{A}\boldsymbol{V}_{\text{f}} = ((\tau - \tau^*)\boldsymbol{e}_{\tau} + P\boldsymbol{e}_{\text{n}})\Delta t \qquad (2\text{-}13)$$

引入的试验系数 Φ 表示一个单元上气体的速度传递给月壤颗粒速度的试验系数, $\boldsymbol{V}_{\text{f}}$ 为单元气体的速度。

这里, 本书引入试验系数 Φ 的原因如下。

(1) 羽流的动量和能量传递给月壤颗粒的损失。在实际传递过程中羽流的动量和能量传递给月壤颗粒的动量和能量会有损失, 试验系数 Φ 既可以考虑动量和能量的损失, 也可以考虑其他未知的传递过程中的损失。

(2) 月球着陆器着陆地点的不确定性因素的影响。不同的着陆器着陆地点, 月壤颗粒性质不同, 例如, 有的偏于松软, 有的或许更趋近于板结状态。试验系数 Φ 可以考虑不同着陆点处不同的月壤颗粒特性。

(3) 特殊性因素的影响。例如, 计算参数的选取和实际月壤颗粒的性质存在差异, 以及月球正面和月球背面月壤颗粒形状的特殊性等因素, 也可以通过试验系数 Φ 统一进行考虑。

进一步, 一个单元上的一个时间步 Δt 内形成的月坑尺寸 h_{D} 有 [7]

$$h_{\text{D}} = \frac{m}{\rho} \qquad (2\text{-}14)$$

其中, h_{D} 为月坑的深度, $m = \Delta M/A$ 为单位面积上喷射的月壤颗粒临界质量, ρ 为月壤颗粒密度。

同理可知, 一个单元上的一个时间步 Δt 内月壤颗粒的个数 Q_n 为 [7]

$$Q_n = \frac{m}{m_{\text{s}}} \qquad (2\text{-}15)$$

其中, m_{s} 为单个月壤颗粒的质量。

总之，本节推导了月壤颗粒被喷射的临界质量公式 (2-13) 和月表形成月坑尺寸公式 (2-14)。

2.4　月壤颗粒在羽流场中的动力学方程

2.2 节和 2.3 节给出了月壤颗粒与发动机羽流场相互作用的第一阶段的受力分析，推导了可以判断出月壤颗粒是否会发生破坏并被喷射的临界剪应力，并推导了月壤颗粒被喷射的临界质量和形成月坑尺寸计算公式。发动机羽流场与月壤颗粒相互作用的第二阶段是月壤颗粒在羽流场中的运动，本节给出月壤颗粒在羽流场中的动力学方程。

通过第 5 章月壤颗粒的受力分析可知，月壤颗粒主要受力包括 Stokes 曳力、升力、重力、布朗力、压力梯度力、附加质量力和 Basset 历史力等，其中前三个力起主要作用。因此，假设一个月壤颗粒的质量为 m_s，则月壤颗粒的受力满足如下动力学方程 [7]：

$$\boldsymbol{F} = \boldsymbol{a}_D m_s + \boldsymbol{a}_L m_s + \boldsymbol{g} m_s \tag{2-16}$$

其中，

$$\boldsymbol{a}_D = a_{D0} \frac{C_D \rho_g}{D_p \rho} |\boldsymbol{u} - \boldsymbol{v}| (\boldsymbol{u} - \boldsymbol{v}) \tag{2-17}$$

$$\boldsymbol{a}_L = a_{L0} \frac{C_L \rho_g}{\rho} |\boldsymbol{u} - \boldsymbol{v}|_h \frac{\partial}{\partial x} |\boldsymbol{u} - \boldsymbol{v}|_h \tag{2-18}$$

式中，$\boldsymbol{a}_D$ 为月壤颗粒的曳力加速度，$\boldsymbol{a}_L$ 为月壤颗粒的升力加速度，$\boldsymbol{u}$ 为月壤颗粒所在处的羽流场气体的速度，$\boldsymbol{v}$ 为月壤颗粒的速度，$\boldsymbol{g}$ 为月球重力加速度，C_D 为曳力系数，C_L 为升力系数，D_p 为月壤颗粒模型直径，m_s 为一个月壤颗粒的质量，ρ 为月壤颗粒的密度，ρ_g 为月壤颗粒所在羽流场位置处的羽流场气体的密度。方程 (2-17) 和方程 (2-18) 各个参数将在第 5 章详细阐述。

假设一个月壤颗粒在月表羽流场作用下的运动满足牛顿第二定律，则有

$$\boldsymbol{a} = \frac{\boldsymbol{F}}{m_s} \tag{2-19}$$

其中，$\boldsymbol{a}$ 为月壤颗粒的合加速度。根据方程 (2-19)，月壤颗粒的速度 $\boldsymbol{v} = \int \boldsymbol{a} dt$ 和位移 $\boldsymbol{r} = \int \boldsymbol{v} dt$ 也可以进一步计算出来。这里，一般假设月壤颗粒的初速度为 0，即

$$\boldsymbol{v}_0 = 0, \quad \boldsymbol{r}_0 = \begin{pmatrix} x_0 \\ y_0 \end{pmatrix} \tag{2-20}$$

综上所述，本节给出了月壤颗粒被喷射后在羽流场中受到 Stokes 曳力、升力和重力 3 个力的计算表达式，并给出了月壤颗粒动力学方程，以及月壤颗粒的加速度、速度和位移计算公式及初始条件。

2.5 本 章 小 结

本章概述了发动机羽流侵蚀月壤颗粒的四种机理，包括气流侵蚀、扩散气体喷发、承载力破坏和扩散气流驱动，阐述了月壤颗粒与羽流相互作用的物理过程、计算过程划分和计算模型。同时，建立了发动机羽流作用下月壤颗粒能否被破坏的受力临界平衡方程，基于 Mohr-Coulomb 破坏准则，推导月壤颗粒被破坏的临界剪应力。进一步，推导了月壤颗粒被喷射的临界质量和月表形成月坑尺寸的计算公式。最后，建立了月壤颗粒的动力学方程，给出了月壤颗粒的加速度、速度和位移计算公式。

参 考 文 献

[1] 马月聪. 真空环境中羽流侵蚀月壤颗粒的初步研究 [D]. 天津: 天津大学, 2012.

[2] Alexander J D, Roberds W M, Scott R F. Soil erosion by landing rockets[R]. NAS9-4825 Final Report, 1966.

[3] Metzger P T, Latta R C, Schuler J M. Crater formed in granular beds by impinging jets of gas[J]. AIP Conference Proceedings, 2009, 1145: 767.

[4] Immer C, Metzger P T. Rocket crater in simulated lunar and Martian environments[C]. Earth and Space 2010, 2010, KSC-2009-299.

[5] Lane J E, Metzger P T, Immer C D. Lagrangian trajectory modeling of lunar dust particles[C]. Earth and Space 2008, 11th Biennial Aerospace Division International Conference on Engineering, Construction and Operations in Challenging Environments, 2008.

[6] lmmer C, Metzger P T, Hintze P E, et al. Apollo 12 lunar module exhaust plume impingement on lunar surveyor[J]. Icarus, 2011, 211 (1): 1089 -1102.

[7] 耿动梁, 任德鹏, 叶青, 等. 羽流场与月壤颗粒相互作用的一种新计算方法 [J]. 宇航学报, 2014, 35(8): 884-892.

第 3 章　发动机羽流场与分区

月球表面属于真空环境，表 3-1 为月表大气和地表大气环境参数的对比，可以看出，月表大气和地表大气环境参数至少相差 10^{14} 个量级。月球探测器发动机喷出的连续气体迅速向真空环境扩散，气体很快扩散为稀薄气体，导致发动机喷出的气体流动既存在连续流场，也存在不连续流场。因此，月表环境中发动机喷出气体形成的羽流场计算需要考虑连续流场和非连续流场两种流场。

表 3-1　月表大气和地表大气环境参数的对比

	分子数密度/(个/cm³)	气压/Pa
月表大气	$10^4 \sim 10^5$	$10^{-13} \sim 10^{-9}$
地表大气	10^{19}	10^5

DSMC 是针对真空及稀薄气体的一种计算方法，该方法既适用于非连续流场也适用于连续流场，目前发展相对成熟。CFD 是目前最为成熟的服从连续性介质假设的计算方法，适用于连续流场。因此，本章选用 CFD/DSMC 耦合方法计算发动机的羽流场，即在发动机喷口附近的连续流场域选用 CFD 方法，在其他稀薄流场选用 DSMC 方法。

本章研究发动机羽流场与分区。3.1 节概述了羽流场 CFD/DSMC 耦合方法，3.2 节是羽流场 CFD/DSMC 耦合方法的验证，3.3 节是羽流场中连续流场、过渡流场和不连续流场的分区，3.4 节是本章小结。

3.1　羽流场 CFD/DSMC 耦合方法

月球表面为真空环境，探测器软着陆过程中发动机喷口附近气体以及流动到远场的气体同时存在连续流场、过渡流场和自由分子流场等多个流场。发动机喷口附近连续流场范围较大，虽然 DSMC 同时适用于三种流场，但计算网格要求小于三分之一的平均自由程，导致 DSMC 方法对连续流场的计算需要较大的计算资源和计算时间。目前，CFD 方法是适用于连续流场的成熟和有效的计算方法。因此，本章采用 CFD/DSMC 耦合的计算方法，即在发动机喷口附近的连续流场选用 CFD 方法，在其他稀薄流场采用 DSMC 方法，通过界面位置进行耦合计算。

3.1.1　CFD/DSMC 耦合方法

国内外采用 CFD/DSMC 耦合方法的研究已经有一些报道。1990 年起，Wadsworth 等 [1,2] 通过每个时间步中插值求解交界面处的通量，第一次实现了 NS (Navier-Stokes)/DSMC 混合算法，并将其用于一维激波和二维夹缝流动的模拟。1997 年，Roveda 等 [3] 提出了基于状态量匹配的稀薄连续混合算法，通过在稀薄流场网格的缓冲网格中生成克隆粒子，增加 DSMC 方法的统计量，从而减少边界网格的统计发散，实现了非定常流动的双向耦合算法。Wang 等 [4-6] 将 NS/DSMC-IP(information preservation) 基于状态量进行双向耦合计算，采用 IP 方法降低边界宏观变量统计发散。Schwartzentruber 等 [7-10] 建立了粒子–连续流场双向耦合 (moduar particle-continuum, MPC) 计算方法，可以自动适应调整分区界面。稀薄流场粒子的速度由 Chapman-Enskog 速度分布通过连续流的计算结果来分配，成功应用在求解一维、二维和三维问题上，例如，正激波、圆柱绕流、圆钝体绕流场和激波相互干扰问题等 [11]。李志辉等 [12] 和李中华等 [13] 在 Schwartzentruber 等 [7] 的基础上，发展了适用于热化学非平衡效应的 NS/DSMC 耦合算法。蔡国飙等 [14,15] 采用通量的 NS/DSMC 单向耦合方法对发动机的高空羽流问题进行了研究，并应用于三维多组分高空羽流场的研究。Yang 等 [16] 将自行研发的 CFD 算法 Nozzle Flow 和 DSMC 算法 Plume Work Station(PWS) 基于状态量进行了双向耦合，对锥形羽流冲击圆锥表面流动进行了数值模拟。Marichalar 等 [17] 采用 CFD/DSMC 单向耦合方法，采用 Reacting and Multiphase Program(RAMP) 程序对喷口羽流的连续流场进行分析，对稀疏流场采用 DSMC Analysis Code(DAC) 进行分析，研究了探测器降落与上升阶段的气体羽流场与其冲击效应。贺卫东 [18]、苏杨等 [19]、叶青等 [20] 采用 CFD/DSMC 单向耦合方法，选取 CFD 计算结果作为 DSMC 入口条件，对起飞过程中羽流导流带来的气动力和气动热效应进行了数值模拟。

综上所述，CFD/DSMC 耦合方法在迭代方式上有单向耦合和双向耦合两种方式。单向耦合的方式是指流场信息从连续流场向稀薄流场单向传递，由连续流场得到的流场信息通过交界面的 DSMC 分子向稀薄流场传递 [17-20]。CFD/DSMC 单向耦合算法对于交界面是超声速流场的应用相对比较多，可以避免 DSMC 区域由 CFD 区域带来的统计噪声 [21,22]。CFD/DSMC 耦合方法的双向耦合方式是指在每个时间步，根据连续性失效准则对界面重新划分，在新的 CFD/DSMC 交界面交换数据，通过充分的迭代计算获得稳定收敛的结果 [3-6,16]。

在月球高度真空的环境下，探测器发动机的羽流冲击月球表面形成弓形激波，在喷口轴线核心区形成了超声速连续流场，这个区域的羽流密度相对较高，气体分子的碰撞率相对较高。如果直接采用 DSMC 方法，对于该区域的计算模拟成本比较可观。因此，为了既保证计算精度条件，兼顾计算效率，并避免 DSMC 区带来的统计噪声，本章采用 CFD/DSMC 单向耦合的计算方法研究月球探测器发动机的羽流场。本章 CFD/DSMC 单向耦合计算方法示意图如图 3-1 所示。首先，对连续区域流场采用 CFD 计算方法，获得计算收敛结果；其次，在 CFD/DSMC 耦合方法的交界面上将 CFD 方法的计算结果作为 DSMC 计算方法的入口条件，进一步分析 DSMC 方法的计算区域 [23]。

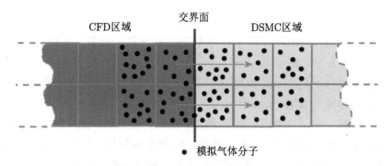

图 3-1　CFD/DSMC 单向耦合计算方法示意图

　　如图 3-1 所示，本章 CFD/DSMC 耦合计算方法的交界面基于流场状态量进行信息传递，交界面的流动参数需要满足连续流场的条件，以保证下游流场的 DSMC 计算结果不会影响上游流场的 CFD 计算结果。如图 3-1 所示，交界面左侧采用 CFD 方法，CFD 方法的计算结果得到了宏观流场状态参数。交界面右侧采用 DSMC 方法，交界面上 CFD 网格状态参数作为 DSMC 方法区域的入口交界网格状态参数，该时间步在网格内基于 Maxwell 分布函数生成 DSMC 方法的气体模拟分子 [3]。同时，该时间步内运动至 DSMC 区域的气体模拟分子予以保留，并和交界面右侧 DSMC 区域内已有的气体模拟分子同时参与后续 DSMC 计算。与此同时，其他气体模拟分子如未能进入 DSMC 区域、停留在界面网格中的或从 DSMC 区域进入界面网格的将全部被删除 [24]。在下一个时间步，界面网格重新生成气体模拟分子，重复上述过程，直至 DSMC 流场计算结果稳定，达到收敛条件。综上所述，本章采用 CFD/DSMC 单向耦合计算方法既保证了计算精度条件，也兼顾了计算效率。

3.1.2　DSMC 方法的基本理论

　　DSMC 方法是 20 世纪六七十年代由 Bird[25] 首先提出的，是直接从稀薄气体的物理模型出发，基于大量的模拟分子计算真实气体统计状态的一种计算方法。DSMC 方法由一组代表气体分子表示真实气体，每一组代表气体分子的坐标、速度及内能随气体分子的运动、分子之间的碰撞以及与边界的碰撞的改变而改变，通过对网格内代表分子的运动状态取样,采用蒙特卡罗方法对随机分子参量统计平均,求解真实稀薄气体的流动状态,得到宏观气体参数性质[25,32]。DSMC 方法要求模拟分子数目足够多,保证在流场网格中能够充分代表真实气体分子的分布和特征[25-29]。

DSMC 方法的时间参数与真实流动中的物理时间相同,其计算都是非定常的,定常流需要通过非定常流的长时间渐近状态而得到,是一个时间推进的直接模拟过程。因此,求解定常流动和非定常流动采用的是不同统计策略。求解定常流动是非定常流动发展稳定后取长时间平均值;非定常流动的求解是对所求时间段重复运算,时间段内每个时间节点取总体平均值[25-27]。真实气体流动中气体分子的运动、气体分子间的碰撞以及分子与物体壁面的碰撞总是互相耦合的,三种情况通常同时发生,在计算机中同时再现这一物理现象比较困难。DSMC 方法的关键技术在于,在每个计算时间步长 Δt 内代表分子间的碰撞以及与边界的碰撞,将分子的运动与分子间的碰撞解耦[26,32]。对于计算时间步长 Δt 内的运动,选择合理碰撞对和实现代表性的碰撞,是保证模拟能够与真实气体中发生过程一致的关键。流场划分为线性尺度 $\Delta x_i (i = x, y, z)$ 的网格,Δx_i 与流场宏观量梯度的标尺长度相比应该是小量,一般令 Δx_i 为平均自由程的三分之一。

实际上,DSMC 方法被普遍接受的原因是通过试验结果验证了该方法的有效性和合理性[31]。早在 1966 年,强激波结构流向和横向速度分布函数的试验测量值,与当时的理论 Mott-Smith 解[30] 不一致,导致 DSMC 方法未正式公布。直至 1989 年,采用 DSMC 方法得到的结果与试验结果相符才正式发表在 *Science* 期刊上[31],并得到学术界的普遍关注。之后,DSMC 方法在流场的总体效应和精细结构也都给出了与实际相符的准确结果[26-29,32-35],例如,DSMC 方法对于有复杂外形的航天飞机在过渡流场的结果 (包括升阻比) 与飞机测量数据吻合得很好[26]。因此,DSMC 方法得到了试验验证,目前发展相对成熟。

考虑到本章计算流场区域的轴对称性,为了提高计算效率,选取了轴对称的二维羽流场计算模型,如图 2-3 所示。本章 DSMC 计算方法假设[32]:

(1) 羽流场中的碰撞均为二体碰撞;

(2) 不考虑化学非平衡效应;

(3) 假设月表的温度为恒温 300K;

(4) 一个时间步的气体流动为定常流动;

(5) 分子模型为变径硬球模型;

(6) 月表的反射模型为漫反射。

假设碰撞前两分子的速度分别为 v_{g1x}^*, v_{g1y}^*, v_{g1z}^* 和 v_{g2x}^*, v_{g2y}^*, v_{g2z}^*,则两

分子的相对速度为

$$v_{rx}^* = v_{g2x}^* - v_{g1x}^* \tag{3-1}$$

$$v_{ry}^* = v_{g2y}^* - v_{g1y}^* \tag{3-2}$$

$$v_{rz}^* = v_{g2z}^* - v_{g1z}^* \tag{3-3}$$

相对速度的大小为

$$v_r = \sqrt{v_{rx}^{*2} + v_{ry}^{*2} + v_{rz}^{*2}} \tag{3-4}$$

由于分子热运动的随机性，根据随机性原理，设

$$b_0 = 1 - 2R_0 \tag{3-5}$$

$$a_0 = \sqrt{1 - b_0^2} \tag{3-6}$$

$$\alpha_0 = 2\pi R_0 \tag{3-7}$$

其中，R_0 为 0~1 的随机数，则有

$$v_{rx} = b_0 v_r \tag{3-8}$$

$$v_{ry} = a_0 v_r \cos\alpha_0 \tag{3-9}$$

$$v_{rz} = a_0 v_r \sin\alpha_0 \tag{3-10}$$

两碰撞分子的质心速度为

$$v_{gi} = \frac{1}{2}\left(v_{g1i}^* + v_{g2i}^*\right) \tag{3-11}$$

式 (3-11) 中，$i = x$，y，z，则碰撞后分子的速度为

$$v_{g1i} = v_{gi} + \frac{1}{2}v_{ri} \tag{3-12}$$

$$v_{g2i} = v_{gi} - \frac{1}{2}v_{ri} \tag{3-13}$$

如图 2-3 所示的二维轴对称羽流场计算模型，DSMC 方法中分子在羽流场中的位置按轴对称原则处理。考虑一个分子由初始位置 $(x_1,\ y_1)$，经过 Δt 时间后运动到新的位置 $(x_2,\ y_2)$，采用 $\boldsymbol{v}_g^*$ 表示分子在 $(x_1,\ y_1)$ 时的速度，$\boldsymbol{v}_g$ 表示分子在 $(x_2,\ y_2)$ 时的速度，则

$$x_2 = x_1 + v_{gx}^* \Delta t \tag{3-14}$$

$$y_2 = \left[\left(y_1 + v_{gy}^* \Delta t \right)^2 + \left(v_{gz}^* \Delta t \right)^2 \right]^{1/2} \tag{3-15}$$

同理，y 方向和 z 方向的速度为

$$v_{gy} = [v_{gy}^* \left(y_1 + v_{gy}^* \Delta t \right)^2 + v_{gz}^{*2} \Delta t]/y_2 \tag{3-16}$$

$$v_{gz} = [v_{gz}^* \left(y_1 + v_{gy}^* \Delta t \right)^2 - v_{gy}^* v_{gz}^* \Delta t]/y_2 \tag{3-17}$$

综上所述，本节主要概述羽流场 DSMC 方法的基本理论。方程 (3-1)~方程 (3-4) 给出了 DSMC 方法计算羽流场中气体分子的相对速度，方程 (3-5)~方程 (3-10) 给出了分子热运动的随机性原理，方程 (3-11)~方程 (3-17) 给出了分子碰撞后的位置和速度。

3.1.3 CFD 方法概述

CFD 是 20 世纪 60 年代伴随着计算机科学迅速崛起的计算方法，它是通过计算机数值模拟和可视化处理，对流体流动和热传导等相关物理现象进行数值分析的一门力学分支 [36,37]。CFD 的基本思想可以表述为：把原来在时间域及空间域上连续的物理量的场，如压力场和速度场，用有限个离散点上的变量值的集合来代替，通过一定的原则和方式建立起关于这些离散点的场变量之间关系的代数方程组，然后通过求解代数方程组获得场变量的近似值 [38]。CFD 方法广泛应用于各类工程项目研究中，如流体机械内部流场 [39]、包含化学反应的化工设备流场 [40]、汽车、船舶、石油天然气勘探、海洋、气象等各个方面。尤其是在航空航天 [41] 中的应用发展非常迅速和成效斐然，成为飞行器研制和空气动力学研究的重要手段。CFD 方法的出现大大提高了计算的可靠性和精确性，可以用来模拟复杂的流场、多种重要状态，可以清晰地分析流动的细微结构，具有效率高、周期短和成本低等特点 [36-41]。

Marsell 等 [42] 将 CFD 方法直接用于羽流场的数值模拟，基于密度的求解器和 S-A 湍流模型，采用隐式的差分方法。同时，计算的流动方程和湍流模型都使用二阶迎风格式，时间精度保持在一阶。通过分析确定了羽流撞击过程会造成较大的压力、温度和剪切应力梯度。Morris 等 [24] 基于开发的 DPLR[43] 方法对发动机羽流场进行计算，并采用 CFD/DSMC 耦合的计算方法与单一的连续场计算方法的结果进行了对比，发现两者流场分布结果具有较好的一致性。目前，商用软件 ANSYS[44] 中 CFD 计算模块比较成熟，该软件基于完全非结构化网格的有限体积法，采用网格节点和网格单元的梯度算法，可以完成定常/非定常流动模拟。

本章 CFD 区域的计算采用商用软件 Ansys[44] 中的 CFD 计算模块，选取 S-A 湍流模型，流动方程和湍流模型均使用二阶迎风格式，基于隐式的求解方法

和密度求解器进行求解。同时，本章采用非均匀加密的网格划分方式，边界条件为轴对称边界条件、喷口边界条件、远场边界条件以及交界面边界条件。本章及以后各章发动机羽流场的计算程序包括主程序、月壤颗粒运动模块、CFD/DSMC耦合模块、DSMC 模块和 CFD 模块，其中 DSMC 模块计算程序基于 Bird 官网的原程序[35]，CFD 模块采用商用软件 Ansys[44] 实现。主程序和自编子程序采用Fortran 语言编制。

3.2 羽流场 CFD/DSMC 耦合方法的验证

月球探测器发动机喷口的外部区域同时存在连续流场、过渡流场和非连续流场，本节采用 CFD/DSMC 单向耦合方法对羽流场进行计算。即在发动机喷口附近的连续流场选用 CFD 方法，在其他稀薄流场采用 DSMC 方法，通过 CFD/DSMC单向耦合方法计算月球真空环境下的发动机羽流场。

本节通过与文献 [24] 中的算例比较，验证本节 CFD/DSMC 耦合方法计算发动机羽流场的可靠性和精确性。羽流场计算模型和交界面划分如图 3-2(a)所示，羽流场为二维轴对称计算模型，包括发动机喷口、轴对称边界、真空边界和月球表面边界。计算模型的网格划分示意图如图 3-2(b) 所示。本节发动机羽流场入口的计算参数采用阿波罗 11 号月球着陆器喷口的实际参数[45]，阿波罗 11 号发动机喷口出口参数即为羽流场的入口参数，如表 3-2 所示。同时，发动机喷口出口五种模拟分子的直径和分子质量如表 3-3 所示，其中 d 和 m 是

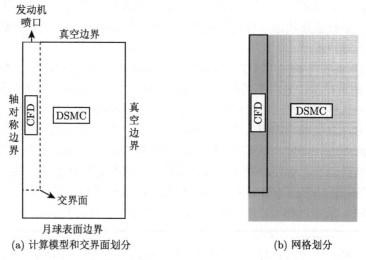

(a) 计算模型和交界面划分   (b) 网格划分

图 3-2 CFD/DSMC 耦合方法的羽流场计算模型和交界面划分及网格划分示意图

通过喷口出口五种气体分子质量分数的加权平均得到的。本节其他参数采用 Morris 等[24] 算例的计算参数，其中发动机喷口直径为 2m，喷口截面气体密度为 0.0063 kg/m，温度为 556K，速度为 3008 m/s，喷出气体为氨气，出口马赫数为 5.0。发动机喷口距离月球表面 5.0 m，月球表面设置为绝热壁面，恒定温度为 1000K。

表 3-2   羽流场入口的计算参数

流场初始数密度 $\rho_0/(\text{个}/\text{m}^3)$	流场模拟分子直径 d/m	流场模拟分子质量 m/kg	流场初始温度 T_0/K	一个模拟分子代表的分子数 $n_0/\text{个}$
2.01×10^{11}	4.69×10^{-10}	4.09×10^{-26}	273	3.5×10^{15}

表 3-3   五种模拟分子的直径和分子质量

	H_2O	H_2	N_2	CO_2	CO
$d/(\times10^{-10}\text{m})$	5.94	2.92	4.17	5.62	4.19
$m/(\times10^{-27}\text{kg})$	28.27	3.34	46.5	73.1	46.5

采用 3.1 节的计算方法和计算程序，计算的数密度和平动温度结果与文献 [24] 的对比分别如图 3-3 和图 3-4 所示。通过图 3-3 和图 3-4 还可以看出，两者的数密度和平动温度的计算结果比较吻合，本节结果等值线与文献等值线数密度误差为 13.07%～38.14%，平动温度误差为 2.61%～10.75%。因此，本节羽流场采用 CFD/DSMC 的耦合方法具有较高可靠性和精确性[23,46]。

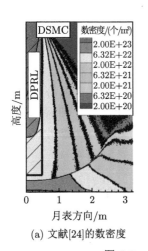

(a) 文献[24]的数密度

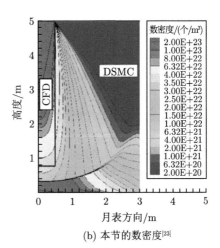

(b) 本节的数密度[23]

图 3-3   文献 [24] 和本节计算的数密度对比

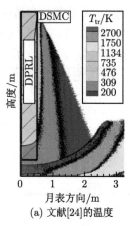 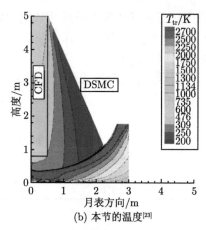

(a) 文献[24]的温度   (b) 本节的温度[23]

图 3-4　文献 [24] 和本节计算的平动温度对比

　　这里需要提及的是, 本节与文献 [24] 的计算方法存在一定的差异, 区别在于: 文献 [24] 中连续流场采用的是 DPLR 方法; 同时, 该算法的湍流模型与本节 CFD 方法的湍流模型也不同。此外, 文献 [24] 采用的 DSMC 程序是非公开版本, 与本节采用 DSMC 程序的官网公开版本 [35] 可能也存在差异。总之, 本节采用的 CFD/DSMC 耦合方法计算获得的真空环境下发动机羽流场的结果具有较高的精确性和可靠性。

3.3　羽流场中连续流场、过渡流场和不连续流场的分区

　　3.1 节阐述了羽流场 CFD/DSMC 耦合方法, 3.2 节探讨了羽流场 CFD/DSMC 耦合方法的精确性和可靠性。本节基于 CFD/DSMC 耦合方法的计算结果探讨羽流场中连续流场、过渡流场和不连续流场的分区。

　　通常情况下, 地球环境下的气体流动过程服从连续性介质假设。然而, 当气体稀薄到一定程度时, 例如到了月球表面高真空环境, 气体的间断分子效应就开始变得显著起来。这时, 气体流动的连续性介质假设不再成立, 须对羽流场气体流动状态进行分区。基于气体克努森数 Kn 公式 [32], 不同克努森数对应的气体流动状态分区如表 3-4 所示。

表 3-4　不同克努森数对应的气体流动状态分区和描述方程 [32]

$Kn < 0.001$	连续场	可用 Navier-Stokes 方程描述
$0.001 < Kn < 0.1$	滑移场	可用改变边界条件的 Navier-Stokes 方程描述
$0.1 < Kn < 10$	过渡场	可用玻尔兹曼方程或 DSMC 等分子方法描述
$Kn > 10$	自由分子流域	可用无碰撞的玻尔兹曼方程或 DSMC 等分子方法描述

克努森数 Kn 计算公式 [32] 为

$$Kn = \frac{\lambda}{L} \tag{3-18}$$

其中,

$$L = \rho/(\mathrm{d}\rho/\mathrm{d}x) \tag{3-19}$$

$$\lambda = \frac{1}{\sqrt{2}\pi d^2 n} \tag{3-20}$$

$$n = \frac{\rho}{m} \tag{3-21}$$

式中,λ 为平均分子自由程,表示一个分子在两次碰撞间走过距离的平均值,L 为流动特征长度,ρ 为羽流场密度,m 为模拟分子质量,d 为羽流场模拟分子的直径,n 为流场分子的数密度。

将公式 (3-19) 中的 $\mathrm{d}\rho/\mathrm{d}x$ 简化为 $\Delta\rho/\Delta x$,其中 $\Delta\rho$ 为 x 方向相邻两个计算网格的流场密度差 $\rho_2 - \rho_1$,Δx 为两个网格之间的中心距离。则公式 (3-18) 的克努森数 Kn 的表达式可以简化为

$$Kn = \frac{m\Delta\rho_x}{\sqrt{2}\pi d^2 \rho_x^2 \Delta x} \tag{3-22}$$

以上是坐标 x 方向的 Kn 计算公式。

同理,坐标 y 方向的 Kn 计算公式为

$$Kn = \frac{m\Delta\rho_y}{\sqrt{2}\pi d^2 \rho_y^2 \Delta y} \tag{3-23}$$

其中,$\Delta\rho_x$ 和 $\Delta\rho_y$ 分别为 x 和 y 方向相邻两个计算网格的流场密度差,Δx 和 Δy 分别为两个网格之间的中心距离。

基于公式 (3-18)~ 公式 (3-23) 给出的克努森数 Kn 公式,采用 CFD/DSMC 耦合方法分析不同高度羽流场的 Kn 值。这里,羽流场 CFD/DSMC 耦合方法的计算参数见表 3-2,发动机喷口出口五种模拟分子直径和分子质量的计算参数见表 3-3。发动机喷口距离月表 5m 的 x 方向 (垂直于发动机轴线方向) 和 y 方向 (发动机轴线方向) 的 Kn 计算结果如图 3-5 所示。

通过图 3-5 距离月表 5m 高度羽流场的 Kn 值可以看出。

(1) 发动机喷口距离月表不同高度的 Kn 值中,正对喷口下方的区域和临近发动机喷口下方的区域 Kn 多在 0~0.1 内,属于连续流场。距离发动机喷口轴线

较远的流场区 Kn 的值多在大于 0.1 的范围，属于过渡流场和非连续流场。也就是说，整个羽流场范围内，既存在连续流场，也存在过渡流场和非连续流场。

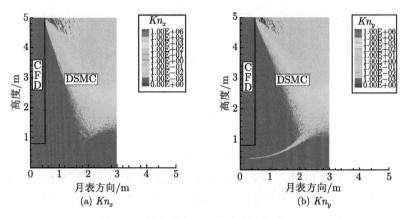

图 3-5　距离月表 5m 高度羽流场的 Kn

(2) x 方向和 y 方向两个方向的克努森数 Kn 值显示的连续流场和非连续流场的位置和分布略有差别，主要体现在弓形激波位置处：y 方向上的 Kn 值比 x 方向有所增加，这是由于激波位置的 y 方向上的密度梯度相比其他区域较大，但其他位置两个方向的 Kn 差别不大。

(3) 喷口距离月表越远，月表附近的连续流场范围越小；距离月表越近，月表附近的连续流场范围越大。月壤颗粒被喷射的区域，同时存在连续流场、过渡流场和非连续流场。

综上所述，在本节分析的发动机羽流场的分区，月壤颗粒被喷射的区域以连续流场、过渡流场和非连续流场为主。因此，本章研究选择 CFD/DSMC 耦合方法计算发动机的羽流场与分区是合理和可靠的。

3.4　本 章 小 结

本章分析了发动机羽流场与分区。首先，概述了羽流场 CFD/DSMC 的耦合方法；同时，通过与文献算例比较，验证了 CFD/DSMC 耦合方法计算发动机羽流场的可靠性和精确性。进一步，采用 CFD/DSMC 耦合方法分析距离月表 5m 高度羽流场的 Kn 值，给出了羽流场 CFD/DSMC 耦合方法获得的连续流场、过渡流场和不连续流场的分区。可以看出，正对喷口下方的区域和临近发动机喷口下方的区域 Kn 多在 0~0.1，属于连续流场；距离发动机喷口轴线较远的流场区 Kn 的大部分值大于 0.1，属于过渡流场和非连续流场。喷口距离月表越远，月表附近的连续流场范围越小；喷口距离月表越近，月表附近的连续流场范围越大。x 方向和 y 方向两个方向的连续流场和非连续流场位置与分布略有差别，弓形激波位置的 y 方向上的密度梯度相比其他区域较大。综上所述，月壤颗粒被喷射的区域同时存在连续流场、过渡流场和非连续流场。

参 考 文 献

[1] Wadsworth D C, Erwin D A. One-dimensional hybrid continuum/particle simulation approach for rarefied Hypersonic flows[C]. AIAA Journal, 1990.

[2] Wadsworth D C, Erwin D A. Two-dimensional hybrid continuum/particle simulation approach for rarefied flows[C]. AIAA, 1992.

[3] Roveda R, Goldstein D, Varghese P. A combined discrete velocity/particle based numerical approach for continuum/rarefied flows[C]. AIAA Journal, 1997.

[4] Wang W, Sun Q, Boyd I. Towards development of a hybrid DSMC-CFD method for simulating hypersonic interacting flows[C]. AIAA Journal, 2002.

[5] Wang W L, Boyd I D. Hybrid DSMC-CFD simulations of hypersonic flow over sharp and blunted bodies[C]. AIAA, 2003.

[6] Wang W L. A Hybrid particle/continuum approach for nonequilibrium hypersonic flows[D]. Michigan: University of Michigan, 2004.

[7] Schwartzentruber T E, Boyd I D. A hybrid particle-continuum method applied to shock waves[J]. Journal of Computational Physics, 2006, 215(2): 66-70.

[8] Schwartzentruber T E, Scalabrin L C, Boyd I D. A modular particle-continuum numerical method for hypersonic non-equilibrium gas flows[J]. Journal of Computational Physics, 2007, 225(1): 1159-1174.

[9] Schwartzentruber T E, Scalabrin L C, Boyd I D. Hybrid particle-continuum simulations of hypersonic flow over a hollow-cylinder-flare geometry[C]. AIAA, 2008.

[10] Schwartzentruber T E, Scalabrin L C, Boyd I D. Hybrid particle-continuum simulations of non-equilibrium hypersonic blunt-body flowfields[J]. Journal of Thermophysics and Heat Transfer, 2008, 22(1): 29-37.

[11] Boyd I D, Deschenes T R. Hybrid particle-continuum numerical methods for aerospace applications[R]. NATO RTO-EN-AVT-194, 2011.

[12] 李志辉, 李中华, 杨东升. 卫星姿控发动机混合物羽流场分区耦合计算研究 [J]. 空气动力学学报, 2012, 30(4): 483-491.

[13] 李中华, 李志辉, 李海燕. 过渡流区 NS/DSMC 耦合计算研究 [J]. 空气动力学学报, 2013, 31(3): 282-287.

[14] 蔡国飙, 王慧玉, 庄逢甘. 真空羽流场的 NS 和 DSMC 耦合数值模拟 [J]. 推进技术, 1998, 19(4): 57-61.

[15] He B J, He X Y, Zhang M, et al. Plume aerodynamic effects of cushion engine in lunar landing[J]. Chinese Journal Aeronautics, 2013, 26(2): 269-278.

[16] Yang Z, Tang Z ,Cai G, et al. Development of a coupled NS-DSMC method for the simulation of plume impingement effects of space thrusters[J]. Thermophysics & Aeromechanics, 2017, 24(6):835-847.

[17] Marichalar J, Prisbell A, Lumpkin F, ct al. Study of plume impingement effects in the lunar lander environment[C]. AIP Conference Proceeding, 2011, 1333(1): 589-594.

[18] 贺卫东. 发动机真空羽流导流力热效应的 CFD/DSMC 耦合仿真及试验研究 [D]. 北京：北京理工大学，2015.

[19] 苏杨, 蔡国飙, 舒燕, 等. 地外天体起飞羽流导流气动力效应仿真 [J]. 北京航空航天大学学报，2019, 45 (7): 1415-1423.

[20] 叶青, 舒燕, 张旭辉, 等. 基于地外天体起飞的真空羽流导流技术仿真与试验研究 [J]. 航空动力学报，2020, 35(6): 1266-1274.

[21] Hash D B, Hassan H A. Assessment of schemes for coupling Monte Carlo and Navier-Stokes solution methods[J]. Journal of Thermophysics & Heat Transfer, 1996, 10(2): 242-249.

[22] Stewart B D , Pierazzo E , Goldstein D B , et al. Simulations of a comet impact on the Moon and associated ice deposition in polar cold traps[J]. Icarus, 2011, 215(1):1-16.

[23] Li Y, Cui Y, Wang J, et al. CFD/DSMC hybrid method for gas-particle two-way coupled simulation under vacuum [C]. Pre-RGD32 Online Workshop on Recent Hot Topics in Rarefied Gas Dynamics, 2021, Korean.

[24] Morris A B, Goldstein D B, Varghese P L, et al. Plume impingement on a dusty lunar surface[C]. 27th International Symposium on Rarefied Gas Dynamics. AIP Conference Proceedings, 2010, 1333: 1187-1192.

[25] Bird G A. Direct Simulation of the Boltzmann equation[J]. Physics of Fluids, 1970, (13): 2676.

[26] Bird G A. Application of the DSMC method to the full shuttle geometry[J]. AIAA, 1990, (90): 1692.

[27] Bird G A. Molecular Gas Dynamics and the Direct Simulation of Gas Flows[M]. Oxford: Oxford Science Publication, 1994.

[28] Wagner W A. Convergence proof for Bird's direct simulation Monte Carlo method for the Boltzmann equation[J]. Journal of Statistical Physics, 1992, 66(3): 1011-1044.

[29] Pulvirenti M, Wagner W, Zavelani M B. Convergence of particle schemes for the Boltzmann equation[J]. European Journal of Mechanics, 1994, B7: 339.

[30] Mott-Smith H M. The solution of the Boltzmann equation for a shock wave[J]. Physics Review, 1951, (82): 885.

[31] Pham-Van D G, Erwin D, Muntz E P. Nonequilibrium molecular motion in a hypersonic shock wave[J]. Science,1989, 245: 624-626.

[32] 沈青. 稀薄气体动力学 [M]. 北京: 国防工业出版社, 2003.

[33] 樊菁. 稀薄气体动力学: 进展与应用 [J]. 力学进展, 2013, 43(2): 185-201.

[34] 蔡国飙, 王慧玉, 庄逢甘. 真空羽流的数值模拟及真空羽流污染的数值模拟分析研究 [J]. 宇航学报, 1998, 19(3): 1-9.

[35]　https://github.com/schuberm/dsmc/blob/master/originalbird/DSMC2A.FOR.

[36]　Anderson J D. Computational fluid dynamics: the basics with application[C]. New York：Mc Graw-Hill, 1995.

[37]　Versyeeg H K, Malalakera W. An Introduction to Computational Fluid Dynamics[M]. Harlow: England Longman Group Ltd., 1995.

[38]　周雪漪. 计算水力学 [M]. 北京：清华大学出版社，1995.

[39]　王琳. CFD 方法在流体机械设计中的应用研究 [J]. 中国设备工程, 2021(9): 111-112.

[40]　舒长青，王友欣. 计算流体力学在化学工程中的应用 [J]. 化工管理,2014(6):29.

[41]　潘沙, 李桦, 夏智勋. 高性能并行计算在航空航天 CFD 数值模拟中的应用 [J]. 计算机工程与科学, 2012, 34(08): 191-198.

[42]　Marsell B. Crater Formation Due to Lunar Plume Impingement[C]. 2nd Workshop for Lunar/Martian Plume Effects and Mitigation, 2011.

[43]　Wright M J, Candler G V, Bose D. Data-Parallel Line Relaxations Method for the Navier-Stokes Equation[J]. AIAA Journal, 1998, (36)9: 1603-1609.

[44]　https://www.ansys.com/zh-cn/products/fluids/ansys-fluent.

[45]　Jones E M. Apollo 11 technical debriefing v1 and v2[R]. NASA Manned Space Center, 1969, 924-928.

[46]　李阳. 真空环境下发动机羽流与月壤颗粒的双向耦合数值模拟研究 [D]. 天津: 天津大学, 2022.

第 4 章　计算参数的选择

　　第 2 章分析了月壤颗粒被喷射的临界质量和月表形成月坑的尺寸,第 3 章计算了发动机羽流场与分区。在此基础上,本章分析不同计算参数对月表形成月坑的尺寸和月壤颗粒运动轨迹的影响。4.1 节分析不同计算参数对月表形成月坑的尺寸的影响;4.2 节分析不同计算参数对月壤颗粒运动轨迹的影响。4.3 节是本章小结。本章给出计算参数的选择和验证,是后面各章研究方法和研究结果的精确性和可靠性的依据。

4.1　计算参数对月表形成月坑尺寸的影响

　　月球探测器软着陆过程中,发动机羽流侵蚀月壤,将月球表面的月尘、月壤颗粒、砾石以及小岩石抛向空中,月壤的自然堆积状态被破坏 [1],形成了各种形式的月坑。阿波罗 14 号发动机喷口下方月表形成月坑的照片如图 4-1 所示 [2]。

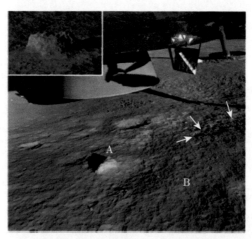

图 4-1　阿波罗 14 号发动机喷口下方月表形成月坑的照片 [2]

　　本节分析不同计算参数对月表形成月坑的尺寸的影响。4.1.1 节分析网格划分对月表压应力和月表剪应力的影响,4.1.2 节分析试验系数 Φ 对月表形成月坑尺寸的影响,4.1.3 节分析月壤颗粒参数对月表形成月坑尺寸的影响。

4.1.1 网格划分对月表压应力和月表剪应力的影响

由第 2 章可知，月表压应力和月表剪应力分布决定着月表形成月坑的尺寸和位置。月表网格划分得越小，月表的压应力和剪应力分布越准确，本节验证网格划分对月表压应力和月表剪应力的精确性和可靠性的影响[3]。算例选择高 3m×宽 3m 的计算模型，计算模型的示意图如图 2-3 所示，羽流场网格划分示意图如图 3-2 所示。月壤颗粒网格选择三个尺寸划分：① 高度方向和宽度方向各 600 个网格，每个网格的尺寸为 0.5cm×0.5cm；② 高度方向和宽度方向各 300 个网格，每个网格的尺寸为 1.0cm×1.0cm；③ 高度方向和宽度方向各 150 个网格，每个网格的尺寸为 2.0cm×2.0cm。

采用公式 (2-7) 和公式 (2-9)，计算三种月壤颗粒网格划分的压应力分布和剪应力分布，如图 4-2 所示[3]。通过比较可以看出，在计算时间步相同和其他参数设置相同的情况下，网格尺寸 0.5cm×0.5cm 和 1.0cm×1.0cm 的计算结果基本一致，两者最大值相差小于 2.5%；网格尺寸 2.0cm×2.0cm 与前两者相差较大，最大值相差超过 25%。因此，1.0cm×1.0cm 网格划分既满足计算的精确度和可靠性，也同时满足计算的高效率。本节以及后面各章的计算中，月壤颗粒网格划分选择 1.0cm×1.0cm 尺寸。

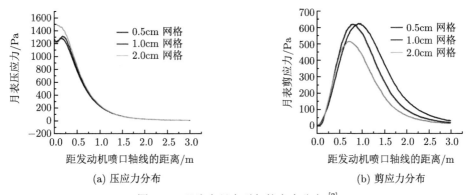

(a) 压应力分布　　　　　　　　　(b) 剪应力分布

图 4-2　羽流在月表引起的应力分布[3]

4.1.2 试验系数 Φ 的影响

本节分析试验系数 Φ 对月表形成月坑尺寸的影响[3]。同理，算例选择高 3m×宽 3m 的计算模型，计算模型的示意图如图 2-3 所示，羽流场网格划分示意图如图 3-2 所示，月壤颗粒网格尺寸选择 1.0cm×1.0cm。采用公式 (2-7) 和公式 (2-9)，计算月壤颗粒的压应力和剪应力，采用公式 (2-14) 计算不同试验系数 Φ 条件下月表形成月坑的位置和尺寸，如图 4-3 所示[3]。通过图 4-3 可以发现，月表的压应力和剪应力一定的情况下，试验系数 Φ 越小，羽流场气体的速度传递给月壤颗粒的动量越大，月坑的深度越大以及月坑的宽度越大。为了预估发动机喷口羽流侵蚀月壤颗粒的最大影响，本节以及后面各章选择试验系数 $\Phi = 0.1$。

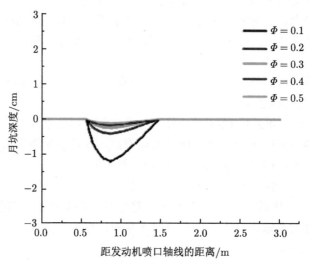

图 4-3   不同的试验系数 Φ 对月坑尺寸的影响 [3]

4.1.3 月壤颗粒参数的影响

本节分析月壤颗粒参数对月表形成月坑尺寸的影响 [3]。由公式 (2-2) 可知，月壤颗粒的临界剪力主要由压力 P 和内聚力 τ_c 以及月壤颗粒的内摩擦角 α 决定。当月壤颗粒所受的压力一定时，月壤颗粒内聚力和内摩擦角决定着月壤被羽流吹起的临界质量和形成月坑的尺寸。

同理，算例选择高 3m × 宽 3m 的计算模型，计算模型的示意图如图 2-3 所示，羽流场网格划分示意图如图 3-2 所示，月壤颗粒网格尺寸选择 1.0cm× 1.0cm。根据公式 (2-3) 和公式 (2-14)，随着内聚力和内摩擦角的变化，被羽流侵蚀形成月坑的位置和大小如图 4-4 所示 [3]。通过图 4-4 可以发现，内聚力的值越小，形成月坑的尺寸越大；内摩擦角越小，形成月坑的尺寸也越大。

本节通过算例分析了月壤颗粒被羽流侵蚀的临界质量以及计算月表不同位置处形成的月坑尺寸，分析了月壤颗粒网格划分、试验系数以及月壤参数对月表压应力和剪应力的影响机理，并分析了试验系数、内聚力和内摩擦角对月坑尺寸和位置的影响机理。

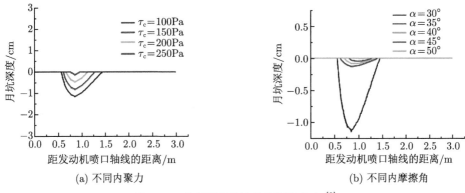

(a) 不同内聚力   (b) 不同内摩擦角

图 4-4   月表形成月坑的位置和大小 [3]

4.2 计算参数对月壤颗粒运动轨迹的影响

本节分析计算参数的选择对月壤颗粒运动轨迹的影响 [3]，4.2.1 节分析不同时间步长对月壤颗粒运动轨迹的影响，4.2.2 节分析不同月壤颗粒直径对月壤颗粒运动轨迹的影响，4.2.3 节分析不同升力系数对月壤颗粒运动轨迹的影响，4.2.4 节分析不同初始速度对月壤颗粒运动轨迹的影响。

4.2.1 计算时间步长对月壤颗粒运动轨迹的影响

本节分析选择不同时间步长对月壤颗粒运动轨迹的影响 [3]。算例仍然选择高 3m× 宽 3m 的计算模型，计算模型的示意图如图 2-3 所示，羽流场网格划分示意图如图 3-2 所示，月壤颗粒网格尺寸选择 1.0cm×1.0cm。假设月壤颗粒初始位置在月表距发动机喷口 0.5m 位置，计算四种不同的时间步长 10^{-3}s、10^{-4}s、10^{-5}s 和 10^{-6}s 条件下的月壤颗粒运动轨迹。计算得到的月壤颗粒的运动轨迹如图 4-5 所示 [3]，可以发现，月壤颗粒在时间步长为 10^{-4}s、10^{-5}s 和 10^{-6}s 时的运动轨迹基本一致，三者之差小于 1%；但是，在时间步长为 10^{-3}s 时月壤颗粒的运动轨迹曲线不再平滑，有一定的波动，和前三者相差超过 10.5%。因此，在本节以及后面各章的计算中时间步长选择 10^{-4}s，既满足计算的高精确度和高可靠性，也同时满足计算的高效率。

4.2.2 月壤颗粒直径对月壤颗粒运动轨迹的影响

本节分析不同月壤颗粒直径对月壤颗粒运动轨迹的影响 [3]。我们知道，月壤由不同直径的月壤颗粒组成，大部分月壤颗粒的直径均小于 1mm，平均月壤颗粒直径为 70µm。同理，算例选择高 3m×宽 3m 的计算模型，计算模型的示意图如图 2-3 所示，羽流场网格划分示意图如图 3-2 所示，月壤颗粒网格尺寸选择

1.0cm×1.0cm。在其他计算参数相同的条件下，距发动机喷口 0.5m 初始位置，不同直径月壤颗粒的运动轨迹如图 4-6 所示 [3]。通过图 4-6 可以发现，直径越小的月壤颗粒在月表喷射的高度越低，直径越大的月壤颗粒在月表喷射的高度越高。这是因为当高速喷射出的气体作用在月表时，一部分气流会反弹，另一部分气流则会紧贴着月表向远方扩散，直径越小的月壤颗粒越容易受到羽流场气体的驱动，它的运动轨迹越趋向于羽流场气体的运动轨迹，不会出现高度的急剧改变。相反，大直径的月壤颗粒的惯性越大，扬起的高度相对越高。

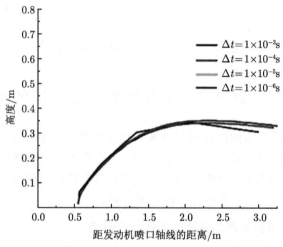

图 4-5　四种时间步长对月壤颗粒运动轨迹的影响 [3]

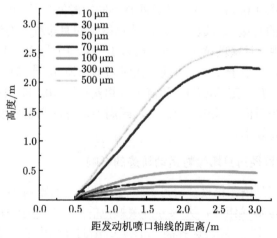

图 4-6　不同直径的月壤颗粒运动轨迹 [3]

4.2.3 升力系数对月壤颗粒运动轨迹的影响

第 2 章月壤颗粒的受力平衡方程 (2-16) 中升力系数 C_L 表征月壤颗粒羽流场中受到升力影响的大小，因此本节分析升力系数 C_L 对月壤颗粒喷射的高度的影响 [3]。同理，算例选择高 3m×宽 3m 的计算模型，计算模型的示意图如图 2-3 所示，羽流场网格划分示意图如图 3-2 所示，月壤颗粒网格尺寸选择 1.0cm×1.0cm。选择月壤颗粒直径为 70μm 和计算时间步长为 10^{-4}s，月壤颗粒的初始位置在距发动机喷口轴线 0.5m 处，不同升力系数的月壤颗粒运动轨迹如图 4-7 所示 [3]。通过图 4-7 可以发现，升力系数对月壤颗粒喷射的高度影响比较大，升力系数越大，月壤颗粒被喷射得越高，两者基本呈线性正比例关系。

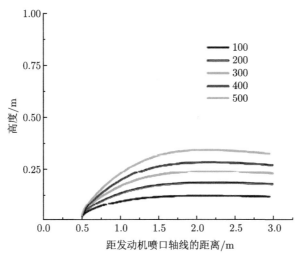

图 4-7　不同升力系数 C_L 的月壤颗粒运动轨迹 [3]

4.2.4 初始速度对月壤颗粒运动轨迹的影响

第 2 章将羽流侵蚀月壤并使其在空中喷射的运动划分为两个阶段。第一个阶段基于羽流场在月表引起的压应力和剪应力，计算被羽流侵蚀的月壤颗粒临界质量，即公式 (2-13)。第二阶段则是在第一阶段的基础上，将月壤颗粒置于羽流场中，采用公式 (2-6)～ 公式 (2-20) 计算其运动轨迹。通过上述两个阶段的计算公式可以看出，月壤颗粒运动轨迹除了受上面讨论的计算参数影响外，同时也受其初始速度的影响。从第一阶段的公式 (2-10) 中可以看出，月壤颗粒是存在初始速度的。

同理，算例选择高 3m× 宽 3m 的计算模型，计算模型的示意图如图 2-3 所示，羽流场网格划分示意图如图 3-2 所示，月壤颗粒网格尺寸选择 1.0cm×1.0cm。

同时,本节选择月壤颗粒直径为 70μm 和计算时间步长为 10^{-4}s,在其他计算参数也保持一致的情况下和在距发动机喷口 0.5m 条件下,计算不同初始速度的月壤颗粒的运动轨迹如图 4-8 所示 [3]。可以发现,当月壤颗粒的初始速度小于 10m/s 时,月壤颗粒初始速度对其运动轨迹影响不大;但随着月壤颗粒的初始速度逐渐加大时,月壤颗粒的轨迹曲线受初始速度的影响明显增大。但是,随着初始速度的逐渐增大,月壤颗粒喷射的高度逐渐降低。

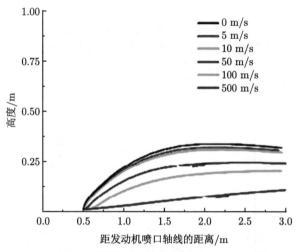

图 4-8   不同初始速度的月壤颗粒运动轨迹 [3]

4.3 本 章 小 结

本章分析了不同计算参数对月表形成月坑尺寸和月壤颗粒运动轨迹的影响机理和影响因素。结果表明,月壤颗粒网格划分尺寸、试验系数和月壤颗粒参数等都会对形成月坑尺寸和位置有比较显著的影响。同时,计算时间步长、月壤直径、升力系数和初始速度也都会对月壤颗粒的运动轨迹产生很大的影响。

进一步,分析结果表明:

(1) 月壤颗粒网格尺寸选择 1.0cm×1.0cm 是精确和可靠的。在月表的压应力和剪应力一定的情况下,试验系数越小,月坑的深度和宽度越大。内聚力的值越小,月坑的尺寸和宽度越大;内摩擦角越小,月坑的深度和宽度也越大。

(2) 选取月壤颗粒运动的时间步长为 10^{-4}s 是精确和可靠的。直径越小的月壤颗粒在月表喷射的高度越低。升力系数越大,月壤颗粒的喷射现象越明显。随着月壤颗粒的初始速度逐渐加大,月壤颗粒的运动轨迹受初始速度的影响越发明显,月壤颗粒喷射的高度逐渐降低。

参 考 文 献

[1]   Liu G Q, Marshall J S. Effect of particle adhesion and interactions on motion by traveling waves on an electric curtain[J]. Journal of Electrostatics, 2009, 68(2): 179-189.

[2]   Metzger P T, Smith J, Lane J E. Phenomenology of soil erosion due to rocket exhaust on the Moon and the Mauna Kea lunar test site[J]. Journal of Geophysical Research, 2011, 116: E06005.

[3]   马月聪. 真空环境中羽流侵蚀月壤颗粒的初步研究 [D]. 天津: 天津大学, 2012.

第 5 章　月壤颗粒受力影响因素

我们知道，月表真空环境下月壤颗粒与发动机羽流场相互作用受到各种力的影响，而且与地表环境下是不一样的。那么，月表环境下，微米量级的月壤颗粒受到的都是什么力？对月壤颗粒又有着怎样的影响呢？

本章分析月壤颗粒的各种受力影响因素和影响规律。5.1 节是月壤颗粒的主要受力分析，包括 Stokes 曳力、升力、重力、布朗力、压力梯度力、附加质量力、Basset 历史力等，并概述了这些力的来源、组成和修正因数等；5.2 节采用量级分析方法定量计算了各种受力的影响因素和影响规律；5.3 节对月壤颗粒的受力影响因数提出了修正；5.4 节是本章小结。通过对本章月壤颗粒受力影响因素的研究，分析月壤颗粒的主要作用力、次要作用力以及受力修正因数，是后面各章研究方法精确性和可靠性的依据。

5.1　月壤颗粒的受力分析

如果要了解各种不同的力对发动机羽流场中月壤颗粒的影响，首先要知道这些力的成因、组成和参数。本节是月壤颗粒的主要受力分析，包括 Stokes 曳力、升力、重力、布朗力和其他力等。

曳力是流体对其中有相对速度的固体施加的力，这个力的方向与相对速度的方向相反。科学家 Stokes 对该力进行了修正，因而称为 Stokes 曳力。发动机羽流作用下的月壤颗粒会受到 Stokes 曳力的作用。

升力是物体在流场中受到方向垂直于流场速度方向的力。科学家 Saffman 和 Magnus 发现，影响颗粒升力的因素包括颗粒附近流体的速度梯度和颗粒的旋转率。因此，升力也被分为 Saffman 升力和 Magnus 升力。发动机羽流作用下的月壤颗粒同样会受到 Saffman 升力和 Magnus 升力的作用。

重力是物体相互吸引而受到的力。在月球上，月壤颗粒同样会受到月球的吸引力，即月壤颗粒受到月球重力的作用。

布朗运动是指颗粒在流场中的无规则运动，布朗力就是指使颗粒产生这种无规则的布朗运动的力。布朗力的产生是有条件的，只有微米量级尺寸的颗粒在流场中才会有布朗力。月壤颗粒直径为几微米到几百微米，平均直径为 70μm[1]。因此，小直径的月壤颗粒受到布朗力的作用。

如第 3 章所述，月球着陆器发动机喷口产生的羽流场是复杂的，既有连续流场，也有过渡流场和不连续流场。因此，除了上述各种力的作用，月壤颗粒还可能受到压力梯度力 (颗粒周围存在压力梯度时受到压力梯度力)、附加质量力 (颗粒在流体中加速运动引起周围流体一起加速的力) 和 Basset 历史力 (颗粒在黏性流体中做变速运动时，颗粒表面周围的流体会被带动一起运动的力) 等外力。

月壤颗粒的受力影响因素是本书后面各章中月壤颗粒与羽流相互作用不能回避的问题之一，因此，本节逐一分析月壤颗粒可能受到的各种力的来源、组成和参数。

5.1.1 Stokes 曳力

对于微米量级的月壤颗粒，在羽流场的运动过程中主要受力为 Stokes 曳力。科学家 Stokes 给出了球形颗粒受到曳力的典型问题的解[2]，其假设如下：① 颗粒雷诺数与单位 1 相比较小；② 对于颗粒而言，流体是均匀流动的；③ 颗粒表面满足无滑移条件；④ 流场空间无界；⑤ 颗粒周围不存在其他的固体表面[3]。满足以上 5 个假设，得到了曳力的原始 Stokes 解[3-5]，即

$$\boldsymbol{F}_{\mathrm{d}} = -3\pi d\mu(\boldsymbol{v}_{\mathrm{p}} - \boldsymbol{u}) \tag{5-1}$$

其中，$\boldsymbol{v}_{\mathrm{p}}$ 为颗粒速度，$\boldsymbol{u}$ 为假设颗粒不存在时颗粒中心所在位置的流场速度，称为滑移速度，d 为颗粒直径，μ 为流场动力黏性系数。

实际上，很多实际问题中的 Stokes 假设都不是完全成立的，需要对作用于球形颗粒的曳力的 Stokes 表达式进行修正，修正后的表达式为[4,5]

$$\boldsymbol{F}_{\mathrm{d}} = -3\pi d\mu(\boldsymbol{v}_{\mathrm{p}} - \boldsymbol{u})f \tag{5-2}$$

这里，f 称为摩擦因数。即当上述 Stokes 假设不完全成立时，f 就是对曳力表达式 (5-1) 的修正。也就是说，方程 (5-1) 的原始 Stokes 解的摩擦因数 $f=1$。

实际上，可以将摩擦因数分解为多种修正因数的组合[4,5]，即

$$f = f_{\mathrm{I}}f_{\mathrm{C}}f_{\mathrm{F}} \tag{5-3}$$

其中，f_{I} 为惯性修正因数，f_{C} 为表面滑移修正因数，f_{F} 为周围颗粒影响修正因数。

下面分别概述上述三个修正因数。

1. 惯性修正因数 f_{I}

微米量级的月壤颗粒在羽流场中运动，其主要的受力为 Stokes 曳力，但是在月表复杂羽流作用下月壤颗粒的 Stokes 曳力需引入惯性修正因数 f_{I}。

　　至今为止, 提出了不少惯性修正因数 $f_I^{[4-8]}$, 例如, 将惯性项线性化的 Oseen 修正 [2]:

$$f_I = 1 + (3/16) R_{ep} \tag{5-4}$$

　　同时, Proudman 和 Pearson[7] 以及 Schiller 和 Naumann[8] 等也提出了不同的修正表达式, 图 5-1 为各种惯性修正因数 f_I 的影响比较示意图 [9]。通过图 5-1 可以看出, Schiller-Naumann(SN) 修正与经验数据最为接近。这一修正使得当 $R_{ep}=1$ 时, 曳力约增加了 20%; 当 $R_{ep}=5$ 时, 增加了 50%; 当 $R_{ep} = 10$ 时, 增加了 70%。在 $R_{ep} < 2$ 范围内, Oseen 修正与 Schiller-Naumann 修正非常接近, 但对于大雷诺数的情况, 它给出了过高的曳力值。在 $R_{ep} < 2$ 范围内, Proudman-Pearson(PP) 修正比 Oseen 修正更接近 Schiller-Naumann 结果。对于离散的颗粒而言, Stokes 公式 (5-1)$(f_I = 1)$ 适用于颗粒雷诺数 $R_{ep} = 1$, Schiller-Naumann 修正适用于更高的颗粒雷诺数。

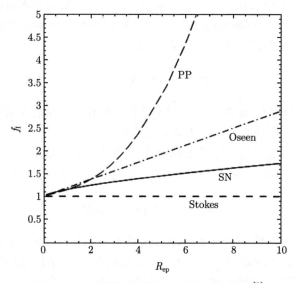

图 5-1　不同惯性修正因数 f_I 的影响比较 [9]

2. 表面滑移修正因数 f_C

　　真空环境下月球着陆器着陆过程中, 发动机喷射形成的羽流场中同时存在连续流场、过渡流场和非连续流场, 不同流场的分区可以由公式 (3-18) 表征的流场属性的克努森数 $Kn^{[10]}$ 划分。公式 (3-18) 中的平均自由程 1 表示一个分子在两次碰撞间走过距离的平均值, 当平均自由程与颗粒直径的比值接近 1000 时, 颗粒表面的无滑移条件不再成立。

Basset[11] 假设滑移速度与壁面剪应力成比例，并认为克努森数 Kn 足够小，基于边界条件求解 Stokes 方程 (5-2)，得到了滑移修正因数 f_C：

$$f_C = \frac{G_s d + 4\mu}{G_s d + 6\mu} \tag{5-5}$$

其中 G_s 为滑移摩擦因数。之后，Epstein[12]、Schmitt[13]、Cunningham[14] 和 Millikan[15] 等也都提出了滑移修正因数，图 5-2 为不同滑移修正因数 f_C 的影响比较[14]。可以看出，Basset 修正给出的 f_C 值比 Millikan 经验结果大，Millikan 经验结果与经验数据能够很好地匹配。当 Kn 非常小时，Epstein 修正与经验数据也可以非常吻合；但是当 Kn 大到 0.02 时结果偏离很快。在一定的 Kn 范围内，简单的 Cunningham 修正比较接近 Millikan 修正结果。

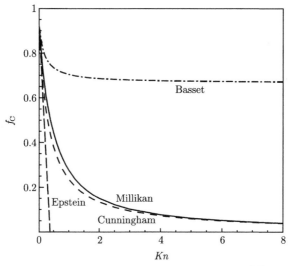

图 5-2 不同滑移修正因数 f_C 的影响比较[14]

3. 周围颗粒影响修正因数 f_F

月壤颗粒被羽流侵蚀并被喷射后，当月壤颗粒的密度较大时，每个月壤颗粒周围都有其他颗粒的存在，这将影响该颗粒受到的 Stokes 曳力值。基于不同研究对象，提出一些经验性的周围颗粒影响修正因数 f_F，周围颗粒的多少通常使用孔隙率 ε 来表示。当孔隙率 ε 较小时，Ergun[16] 提出了周围颗粒影响的修正，并推导出周围颗粒影响修正因数。Wen 和 Yu[17] 基于流化床的数据提出修正：

$$f_F = \varepsilon^{-2.65} f_I \tag{5-6}$$

此外, Gidaspow[18] 提出上述两种方法合并的修正表达式, Dahl 和 Hrenya[19] 也提出缝合函数修正表达式等。

5.1.2 升力

如第 3 章所述, 月球着陆器发动机喷出气体形成的羽流场的速度矢量变化比较复杂, 月壤颗粒在具有法向速度梯度的羽流场中会受到横向力的作用, 这种影响主要依赖于颗粒附近流体的速度梯度和颗粒旋转率。该问题通常被分为两部分, 一部分是速度为 $\boldsymbol{u}$ 的颗粒在均匀剪切流中的运动, 其中 $\boldsymbol{u}$ 与 $\boldsymbol{v}$ 方向相同; 另一部分是速度为 $\boldsymbol{v}$ 的颗粒在旋转率为 $\boldsymbol{\varPi}$ 的非均匀流中的运动。这两部分即为月壤颗粒受到的两个升力, 分别称为 Saffman 升力和 Magnus 升力, 叠加在一起即为月壤颗粒受到的升力。

1. Saffman 升力

对于一个固定的球形颗粒, 其在速度剪切率 $\boldsymbol{G} = \mathrm{d}\boldsymbol{u}/\mathrm{d}y$ 的平板剪切流中运动时受到的是横向升力, Saffman[20] 给出了横向升力的解析表达式

$$F_{\mathrm{s}} = 6.46\mu \left(d/2\right)^{2} \boldsymbol{v}_{\mathrm{s}} \left(\boldsymbol{G}/\nu\right) \tag{5-7}$$

其中, v_{s} 为颗粒滑移速度, ν 为流体运动学黏度, d 为颗粒直径。在颗粒雷诺数 R_{ep} 比剪切雷诺数 R_{eG} 小很多, 同时均小于单位 1 的情况下, 这个解析解是有效的。

之后, McLaughlin[21] 将 Saffman 升力表达式进一步扩展, 依旧假设 R_{ep} 和 R_{eG} 比较小, 得到一个推广后的升力解析表达式, 即

$$F_{\mathrm{s}} = \frac{9J}{\pi}\mu \left(d/2\right)^{2} \boldsymbol{v}_{\mathrm{s}} \left(\boldsymbol{G}/\nu\right)^{1/2} \tag{5-8}$$

其中, J 为无量纲参数的函数。

当颗粒雷诺数 $1 \leqslant R_{\mathrm{ep}} \leqslant 100$ 时, 1990 年, Dandy 和 Dwyer[22] 给出了线性剪切流中一个固定球形颗粒受到的升力的数值结果。当颗粒雷诺数 $100 \leqslant R_{\mathrm{ep}} \leqslant 500$ 时, 1999 年, Kurose 和 Komori[23] 给出受到的总升力近似等于线性剪切流中的旋转颗粒受到的总升力。当颗粒雷诺数较小时, Kurose 和 Komori 给出的升力数据与 McLaughlin 的解析结果数据基本一致。

2. Magnus 升力

通常将一个旋转颗粒在流体运动中受到侧向力的现象称为 Magnus 效应, 即 Magnus 升力。对于小颗粒雷诺数, 1961 年, Rubinow 和 Keller[24] 给出了一个旋转率为 $\boldsymbol{\varPi}$ 的球体以速度 $\boldsymbol{v}$ 运动, 受到升力的表达式为

$$F_{\mathrm{m}} = \pi\rho_{g} \left(d/2\right)^{3} \boldsymbol{\varPi} \times \boldsymbol{v} \tag{5-9}$$

对于一个旋转球体在稳态流中受到的升力问题，1990 年，Tri、Oesterle 和 Deneu[25] 给出了一些试验结果，之后 Bagchi 和 Balachandar[26] 给出了相关的数值计算结果。这些研究表明，在颗粒雷诺数达到 100 之前，公式 (5-9) 很好地预测了 Magnus 升力的值。

5.1.3 重力

万有引力是自然界的四大基本相互作用力之一，地球上的物体受到地球的吸引力，我们通常称为地球重力，重力方向指向地心。同理，在月球上的物体同样也受到月球的重力作用，重力方向指向月心。通常，重力的表达式可以写为

$$F_\text{g} = \rho_\text{p} V \boldsymbol{g} \tag{5-10}$$

$$\boldsymbol{g} = g \boldsymbol{e}_\text{L} \tag{5-11}$$

$$\boldsymbol{e}_\text{L} = \frac{1}{\sqrt{(r_\text{L} + x)^2 + y^2}} \begin{pmatrix} r_\text{L} + x \\ y \end{pmatrix} \tag{5-12}$$

其中，ρ_p 为月壤颗粒的密度，r_L 为月球的半径。

5.1.4 其他的力

如果月壤颗粒中心位置的羽流场随着时间变化，那么月壤颗粒受到若干附加类型的力。月表的复杂羽流场既存在非稳态速度场，也存在非均匀速度场，那么，月壤颗粒可能会受到额外其他力的作用。

1. 布朗力

流场中的微小颗粒受到由布朗运动产生的随机力称为布朗力。1827 年植物学家 Brown[27] 观察到了类似的现象，将悬浮于水中的花粉颗粒的随机运动归因于花粉颗粒与水分子的碰撞。假设一个简单的模型，颗粒的动量方程被减少到三项：颗粒惯性力、Stokes 曳力和布朗力，得到方程

$$m \frac{\mathrm{d}^2 \boldsymbol{x}}{\mathrm{d}t^2} + 3\pi d\mu \frac{\mathrm{d}\boldsymbol{x}}{\mathrm{d}t} = \boldsymbol{F}_\text{B} \tag{5-13}$$

其中，$\boldsymbol{x}$ 为颗粒中心的位置矢量，$\boldsymbol{F}_\text{B}$ 代表了布朗力。布朗力可以写为

$$\boldsymbol{F}_\text{B} = B^{1/2} \frac{\mathrm{d}\boldsymbol{W}}{\mathrm{d}t} \tag{5-14}$$

公式 (5-14) 即为通常采用的布朗力表达式。

2. 压力梯度力

当一个物体周围存在压力梯度时，就会受到压力梯度力。当流动雷诺数很大时，在边界层外部与黏性项相比，惯性项很小，这时与流体加速度相关的颗粒的压力梯度力为 [4]

$$\boldsymbol{F}_{\mathrm{u}} = \frac{\pi}{6}\rho_{\mathrm{g}}d^3\frac{\mathrm{d}\boldsymbol{u}}{\mathrm{d}t} \tag{5-15}$$

公式 (5-15) 通常称为惯性压力梯度力，区别于流体静力学中的浮力。

3. 附加质量力

颗粒在流体中加速运动时引起周围流体一起加速，由于流体具有惯性，所以实际推动颗粒运动的力要大于颗粒本身的惯性力，就好像颗粒获得了额外的质量一样。通常这部分大于颗粒本身的惯性力的力称为附加质量力。

非黏性流体的均匀速度场中，Batchelor[28] 给出了附加质量力的经典表达式，即一个速度为 $\boldsymbol{v}_{\mathrm{p}}$ 的物体受到的附加质量力为

$$\boldsymbol{F}_{\mathrm{a}} = -C_{\mathrm{M}}\frac{\pi}{6}\rho_{\mathrm{g}}d^3\left(\frac{\mathrm{d}\boldsymbol{v}_{\mathrm{p}}}{\mathrm{d}t} - \frac{\mathrm{d}\boldsymbol{u}}{\mathrm{d}t}\right) \tag{5-16}$$

其中，对于一个球体而言，$C_{\mathrm{M}} = 1/2$。

4. Basset 历史力

颗粒在黏性流体中做直线变速运动时，颗粒表面周围的流体被带动一起运动。由于流体具有惯性，当颗粒加速 (或减速) 的时候，流体不能够马上加速 (或减速)，导致颗粒表面受到一个随时间变化的流体作用力，这个力与颗粒加速历程相关。Basset 通过求解不稳定流场中的颗粒表面受力，得到了这个力的理论表达式，因此，这个力也称为 Basset 历史力 [29]。即

$$\boldsymbol{F}_{\mathrm{e}} = 3\pi d\rho_{\mathrm{g}}\sqrt{\frac{\nu}{\pi}}\int_{-\infty}^{t}\frac{\dfrac{\mathrm{d}\boldsymbol{u}}{\mathrm{d}\tau} - \dfrac{\mathrm{d}\boldsymbol{v}_{\mathrm{p}}}{\mathrm{d}\tau}}{\sqrt{t-\tau}}\mathrm{d}\tau \tag{5-17}$$

其中，ν 为流体运动黏性系数，$\boldsymbol{u}$ 为流体速度，$\boldsymbol{v}_{\mathrm{p}}$ 为颗粒运动速度，t 为时间。Basset 历史力是因流动的不稳定性产生的，在定常流动中这个力通常被忽略。

综上所述，本节分析了月壤颗粒可能受到的作用力，包括 Stokes 曳力、升力、重力、布朗力、压力梯度力、附加质量力和 Basset 历史力，并概述了这些力的来源、组成、公式推导和影响因素。

5.2 月壤颗粒受力影响因素的分析

月壤颗粒与发动机羽流场相互作用过程中，羽流场对月壤颗粒的作用力包括 5.1 节阐述的 Stokes 曳力、升力、重力、布朗力、压力梯度力、附加质量力、Basset 历史力等，相应的计算公式如表 5-1 所示。本节采用量级分析方法讨论月壤颗粒与羽流场相互作用过程中各种力的影响是主要作用力还是次要作用力，并通过量级分析方法计算这些力的影响因素和影响规律。

表 5-1 月壤颗粒受到的羽流场的各种力

序号	力	计算公式	公式编号
1	Stokes 曳力	$\boldsymbol{F}_\mathrm{d} = -3\pi d\mu \left(\boldsymbol{v}_\mathrm{p} - \boldsymbol{u}\right) f$	(5-2)
		$f = f_\mathrm{I} f_\mathrm{C} f_\mathrm{F}$	(5-3)
2	Saffman 升力	$\boldsymbol{F}_\mathrm{s} = 6.46\mu \left(d/2\right)^2 \boldsymbol{v}_\mathrm{s} \left(\boldsymbol{G}/\nu\right)$	(5-7)
	Magnus 升力	$\boldsymbol{F}_\mathrm{m} = \pi\rho_g \left(d/2\right)^3 \boldsymbol{\Pi} \times \boldsymbol{v}$	(5-9)
3	重力	$\boldsymbol{F}_\mathrm{g} = \rho_\mathrm{p} V \boldsymbol{g}$	(5-10)
		$\boldsymbol{g} = g \boldsymbol{e}_\mathrm{L}$	(5-11)
4	布朗力	$\boldsymbol{F}_\mathrm{B} = B^{1/2} \dfrac{\mathrm{d}\boldsymbol{W}}{\mathrm{d}t}$	(5-14)
5	压力梯度力	$\boldsymbol{F}_\mathrm{u} = \dfrac{\pi}{6}\rho_g d^3 \dfrac{\mathrm{d}\boldsymbol{u}}{\mathrm{d}t}$	(5-15)
6	附加质量力	$\boldsymbol{F}_\mathrm{a} = -C_\mathrm{M} \dfrac{\pi}{6}\rho_g d^3 \left(\dfrac{\mathrm{d}\boldsymbol{v}_\mathrm{p}}{\mathrm{d}t} - \dfrac{\mathrm{d}\boldsymbol{u}}{\mathrm{d}t}\right)$	(5-16)
7	Basset 历史力	$\boldsymbol{F}_\mathrm{e} = 3\pi d\rho_g \sqrt{\dfrac{\nu}{\pi}} \displaystyle\int_{-\infty}^{t} \dfrac{\frac{\mathrm{d}\boldsymbol{u}}{\mathrm{d}\tau} - \frac{\mathrm{d}\boldsymbol{v}_\mathrm{p}}{\mathrm{d}\tau}}{\sqrt{t-\tau}} \mathrm{d}\tau$	(5-17)

我们知道，一个微米尺度月壤颗粒的惯性主要由 Stokes 曳力主导。因此，假设 Stokes 曳力的量级为单位 1，其他各种受力与 Stokes 曳力的比例关系采用 Marshall 和 Li[5] 提出的量级分析方法，本节采用量级分析方法的主要无量纲化参数如表 5-2 所示，得到的月壤颗粒受到羽流场的各种作用力如表 5-3 所示。需要说明的是，这里假设颗粒旋转率与剪切率具有相同的量级，压力梯度力与附加质量力具有相同的量级，两者叠加后无量纲化，t_p 为颗粒的时间尺度，如表 5-3 所示。

通过表 5-3 可以发现，当 P_ep 接近 $O(1)$ 时，布朗力开始变得重要。当 P_ep 远小于 1 时，布朗力变为主要的受力之一，月壤颗粒由 Stokes 曳力和随机的布朗力提供主要控制力。此外，压力梯度力、附加质量力以及 Basset 历史力是羽流场改变较大时需要考虑的力。本节及以后各章计算时间步长选取的比较小，上述三种力的相对量级很小，暂不考虑它们对月壤颗粒的影响。

表 5-2　主要的无量纲化参数

序号	无量纲化参数	参数意义或计算公式
1	无量纲化直径 $\varepsilon_d = d/L$	d 为颗粒直径，L 为流动特征长度
2	流动雷诺数 $R_{ef} = \rho_g UL/\mu$	ρ_g 为流体密度，U 为流动特征速度，μ 为黏性系数
3	剪切雷诺数: $R_{eG} = \rho_g G d^2$	ρ_g 为流体密度，G 为剪切率，d 为颗粒直径
4	密度比 $\chi = \rho_g/\rho$	ρ_g 为流体密度，ρ 为颗粒密度
5	Stokes 数 $St = \rho d^2 U/18\mu L$	ρ 为颗粒密度，U 为流动特征速度，μ 为黏性系数，L 为流动特征长度
6	Froude 数 $Fr = U/\sqrt{g_r d}$	U 为流动特征速度，d 为颗粒直径，g_r 为重力加速度
7	Peclet 数 $P_{ef}=LU/D$	D 为布朗扩散系数，$D = \dfrac{k_B T}{3\pi\mu d}$，$k_B$ 为玻尔兹曼常量，T 为热力学温度，U 为流动特征速度，μ 为黏性系数，d 为颗粒直径

表 5-3　各种力与曳力的比例关系量级公式 [4]

序号	力/曳力	量级分析公式
1	Saffman 升力/Stokes 曳力	$\dfrac{F_s}{F_d} = \dfrac{O\left[\mu d^2 v_s (G/\nu)^{1/2}\right]}{O(\mu d v_s)} = O\left[d(G/\nu)^{1/2}\right] = O\left(R_{eG}^{1/2}\right)$
2	Magnus 升力/Stokes 曳力	$\dfrac{F_m}{F_d} = \dfrac{O\left[\rho_g d^3 v_s \Pi\right]}{O(\mu d v_s)} = O\left[\rho_g d^2 G/\mu\right] = O(R_{eG})$
3	重力/Stokes 曳力	$\dfrac{F_g}{F_d} = \dfrac{O(\rho g_R d^3)}{O(\mu d v_s)} = O\left(\dfrac{\varepsilon_d R_{ef}}{\chi St Fr^2}\right) = O\left(\dfrac{1}{\varepsilon_d Fr^2}\right)$
4	布朗力/Stokes 曳力	$\dfrac{F_B}{F_d} = \dfrac{O(\mu d k_B T/\tau)}{O(\mu d v_s)} = O\left(\dfrac{k_B T}{\mu d^2 v_s}\right)^{1/2} = O\left(P_{ep}^{-1/2}\right)$
5	压力梯度力和附加质量力/Stokes 曳力	$\dfrac{F_u}{F_d} = O\left(\dfrac{F_a}{F_i}\right) = \dfrac{O(\rho_g d^3 U/\tau_p)}{O(\rho d^3 U/\tau_p)} = O(\chi)$
6	Basset 历史力/Stokes 曳力	$\dfrac{F_e}{F_d} = O\left(\dfrac{dv_s}{\nu}\right)^{1/2} = O(\varepsilon_d R_{ef} St)^{1/2}$

月壤颗粒与发动机羽流相互作用计算模型如图 2-3 所示，羽流场的网格划分如图 3-2 所示，月壤颗粒的网格划分选取 1cm×1cm。采用 Fortran 语言编制量级分析计算程序，并验证了计算程序的精确性和可靠性。月壤颗粒与羽流场相互作用的量级分析基本参数如表 5-4 所示，计算得到不同羽流场高度的结果，其中 1.4m 高度羽流场的月壤颗粒受到的各种力与 Stokes 曳力的比值结果如图 5-3 所示，H 表示发动机喷口距离月表高度，x 表示距离发动机喷口水平

距离。

表 5-4　量级分析的基本参数

颗粒直径 $d/\mathrm{\mu m}$	长度尺度 L/cm	月壤颗粒密度 $\rho/(\mathrm{kg/m^3})$	月表重力加速度 $g/(\mathrm{m/s^2})$	绝对温度 T/K
70	1.0	2780	1.62	300

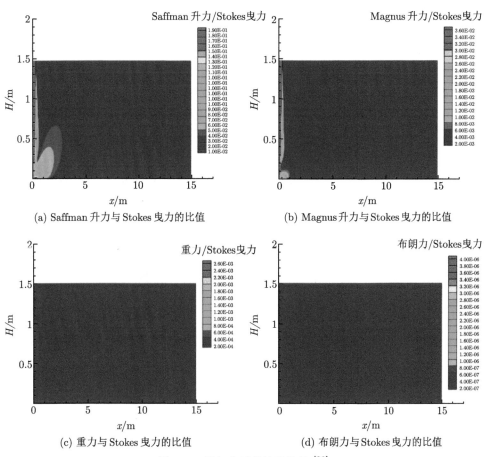

(a) Saffman 升力与 Stokes 曳力的比值　　(b) Magnus 升力与 Stokes 曳力的比值

(c) 重力与 Stokes 曳力的比值　　(d) 布朗力与 Stokes 曳力的比值

图 5-3　量级分析的计算结果 [30]

1. Saffman 升力/Stokes 曳力

图 5-3(a) 为 Saffman 升力与 Stokes 曳力的比值结果 [30]。从图 5-3(a) 可以看出,总体上 Saffman 升力比 Stokes 曳力平均低 2 个量级;但是发动机喷口附近的羽流场的 Saffman 升力大约为 Stokes 曳力的 1/5。因此,月壤颗粒的 Saffman 升力的影响不能忽略。

2. Magnus 升力/Stokes 曳力

图 5-3(b) 为 Magnus 升力与 Stokes 曳力的比值结果 [30]。从图 5-3(b) 可以看出，总体上 Magnus 升力比 Stokes 曳力平均低 3 个量级；发动机喷口附近的羽流场的 Magnus 升力比 Stokes 曳力仍然低 2 个量级。因此，月壤颗粒的 Magnus 升力的影响可以忽略。

3. 重力/Stokes 曳力

图 5-3(c) 为重力与 Stokes 曳力的比值结果 [30]。通过图 5-3(c) 可以发现，总体上重力与 Stokes 曳力的比值大约在 1.0×10^{-4}。实际上，由表 5-2 和表 5-3 可以看出，重力/Stokes 曳力的关系式中主要参数是 L 和 U，L 一般选取 $10^{-4} \sim 10^{-2}$m，U 为流动特征速度，羽流的流动特征速度变化很大。因此，月壤颗粒与羽流相互作用过程中，羽流流动特征速度为影响月壤颗粒的重力与 Stokes 曳力比值的一个重要因素，月壤颗粒的重力不能忽略。

图 5-4 为发动机喷口距离月表 1.4m 高度羽流场的速度分布 [30]，表 5-5 为羽流场中速度的最大值、最小值和平均值的比较。在整个计算区域中，部分网格中羽流速度较大 (如图 5-4 中的 B 区域偏上位置)，Stokes 曳力相对于重力占主导地位。同时，部分网格中羽流速度较小 (如图 5-4 中的 A 区域偏下位置)，根据表 5-3 可知，F_g/F_d 的值较大，但是在距离发动机喷口较远位置的羽流场对月壤颗粒的作用逐渐变小。因此，月壤颗粒需要考虑重力的影响。

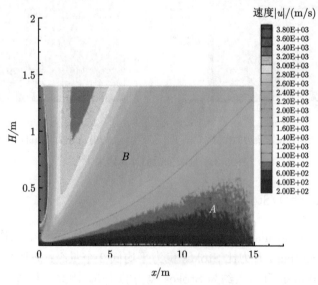

图 5-4　羽流场的速度分布 [30]

表 5-5   羽流场中速度的最大值、最小值和平均值的比较

	速度最大值/(m/s)	速度最小值/(m/s)	速度平均值/(m/s)
x 方向的速度 u	3346.90	2.26	3287.64
y 方向的速度 v	3634.38	1.02	1378.56
速度大小 $|\boldsymbol{v}|$	3917.95	2.47	1605.41

4. 布朗力/Stokes 曳力

图 5-3(d) 为布朗力与 Stokes 曳力的比值结果[30]，可以看出，布朗力与 Stokes 曳力的比值在 2.0×10^{-6} 左右。因此，月壤颗粒的布朗力可以忽略不计。

综上所述，通过对月壤颗粒受到的各种力进行量级分析，结果表明 Stokes 曳力、Saffman 升力和重力的影响较大，是月壤颗粒的主要作用力，不能忽略。同时，Magnus 升力、布朗力、压力梯度力、附加质量力及 Basset 历史力等是月壤颗粒相对次要的作用力，在某些情况下其影响可以忽略。

5.3 月壤颗粒受力影响因数的修正

通过 5.2 节的分析可知，Stokes 曳力是月壤颗粒一个最重要的作用力，其影响是不能忽略的。但是，原始的 Stokes 曳力公式中，部分假设条件在月表环境的羽流中是不成立的。因此，本节分析月表发动机羽流场中的 Stokes 曳力的修正因数，修正因数包括滑移修正因数、周围颗粒影响修正因数和惯性修正因数。

图 5-5 为三种不同修正因数与未考虑修正因数的月壤颗粒空间分布对比，包括图 5-5 (a) 原始 Stokes 公式、图 5-5 (b) 修正因数 f_I、图 5-5 (c) 修正因数 f_C 和图 5-5 (d) 修正因数 f_F 的计算结果。从图 5-5 可以观察到，考虑三种修正因数的结果均引起羽流场中月壤颗粒的最高高度有所下降；如图 5-5(d) 周围颗粒修正因数 f_F 最为明显，在距离轴线 15m 处下降了 0.28m；如图 5-5(b) 所示，惯性修正因数 f_I 也有比较明显的影响，下降了 0.25m；如图 5-5(c) 所示，考虑表面滑移修正因数 f_C 的颗粒扬起高度只有 0.05m 的轻微变化，和原始 Stokes 公式的结果保持一致。总地来说，考虑曳力修正因数使得月壤颗粒速度在修正后发生不同程度上的变化，对月壤颗粒整体运动趋势影响不大，对整体空间分布有一定的影响，月壤颗粒扬起高度有所降低。

同时，三种不同修正因数与未考虑修正因数的月壤颗粒的速度统计如表 5-6 所示。通过表 5-6 比较可以发现，三种修正因数对颗粒的加速有不同程度的降低，其中 f_F 修正作用下颗粒速度下降最为明显。进一步研究发现，整体上月壤颗粒纵向速度降低相比横向速度更显著，其中 f_F 修正表现最为明显，

纵向最大速度减小 26.4%，f_I 修正的纵向最大速度的变化也超过 22.3%。因此，与未考虑修正因数相比，图 5-5(d) 和图 5-5(b) 中月壤颗粒分布的高度有明显降低。

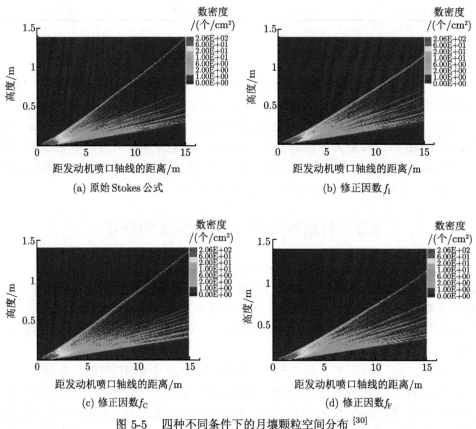

图 5-5   四种不同条件下的月壤颗粒空间分布 [30]

表 5-6   Stokes 曳力修正前后的速度对比

	横向平均速度/(m/s)	纵向平均速度/(m/s)	横向最大速度/(m/s)	纵向最大速度/(m/s)
未考虑修正	447.47	25.44	833.20	98.16
f_I 修正后/变化比例	438.16 / −2.1%	22.39 / −12.0%	776.71 / −6.8%	76.27 / −22.3%
f_C 修正后/变化比例	433.87 / −3.0%	24.13 / −5.1%	784.26 / −5.9%	82.61 / −15.9%
f_F 修正后/变化比例	435.12 / −2.8%	21.41 / −15.8%	765.54 / −8.1%	72.29 / −26.4%

总之，本节分析了月壤颗粒的 Stokes 曳力的惯性修正因数、表面滑移修正因数以及周围颗粒影响修正因数。在不同颗粒雷诺数、克努森数以及孔隙率的情况

下，Stokes 曳力的值将会发生改变。在月壤颗粒的运动过程中，Stokes 曳力为主要作用力之一。因此，三种修正因数将会在一定程度上影响月壤颗粒的运动规律，特别是周围颗粒影响修正因数的效应尤为显著。

5.4 本 章 小 结

本章分析月壤颗粒在羽流场中受到的各种力，包括 Stokes 曳力、升力、重力、布朗力、压力梯度力、附加质量力和 Basset 历史力等。同时，采用量级分析方法的结果表明，Stokes 曳力、Saffman 升力和重力不能忽略，是影响月壤颗粒空间分布的主要作用力。相对而言，Magnus 升力、布朗力、压力梯度力、附加质量力及 Basset 历史力等为月壤颗粒相对次要的作用力，在某些情况下其影响可以忽略。

进一步，本章分析了月球环境下 Stokes 曳力的修正因数，包括滑移修正因数、周围颗粒影响修正因数和惯性修正因数。结果表明，月壤颗粒受到的 Stokes 曳力的惯性修正因数、表面滑移修正因数以及周围颗粒影响修正因数对于月壤颗粒受到的 Stokes 曳力会产生一定的影响，特别是周围颗粒影响修正因数的效应尤为显著。由于月壤颗粒的 Stokes 曳力为主要作用力之一，三种修正因数将会在一定程度上影响月壤颗粒的运动机理和运动规律。

参 考 文 献

[1] 欧阳自远. 月球科学概论 [M]. 北京: 中国宇航出版社, 2005: 151-155.

[2] Oseen C W. Über die Stokes'sche formel und über eine verwandte Aufgabe in der hydrodynamik[J]. Arkivför Matematik Astronomioch Fysik, 1910, 6(29):1-20.

[3] Brady J, Bossis G. Stokesian dynamics[J]. Annual Review of Fluid Mechanics, 1988, 20: 111-157.

[4] Li S Q, Marshall J S, Liu G Q, et al. Adhesive particulate flow: The discrete-element method and its application in energy and environmental engineering[J]. Progress in Energy and Combustion Science, 2011, 37(6): 633-668.

[5] Marshall J S, Li S Q. Adhesive Particle Flow: A Discrete-Element Approach[M]. Cambridge: Cambridge University Press, 2014.

[6] Taneda S. Experimental investigation of the wake behind a sphere at low Reynoldsnumbers[J]. Journal of the Physical Society of Japan, 1956, 11(10): 1104-1108.

[7] Proudman I, Pearson J R A. Expansions at small Reynolds numbers for the flow past asphere and a circular cylinder[J]. Journal of Fluid Mechanics, 1957, 2(3): 237-262.

[8] Schiller L, Naumann A. Über die gundlegenden Berechungen bei der Schwerkraftaufbereitung[J]. Zeitschrift des Vereines Deutscher Ingenieure, 1933, 77: 318-320.

[9] White F M. Viscous Fluid Flow[M]. 3rd ed. New York: McGraw-Hill, 2006.

[10] 沈青. 稀薄气体动力学 [M]. 北京: 国防工业出版社, 2003.

[11] Basset A B. Treatise on Hydrodynamics[J]. Nature, 1889, (40): 412-413.

[12] Epstein P S. On the resistance experienced by spheres in their motion through gases[J]. Physical Review, 1924, 23: 710-733.

[13] Schmitt K. Grundlegende untersuchungen zum thermalpräzipitator[J]. Staub, 1959, 19: 416-421.

[14] Cunningham E. On the velocity of steady fall of spherical particles through fluid medium[J]. Proceedings of the Royal Society of London A, 1910, 83(563): 357-365.

[15] Millikan R A. The general law of fall of small spherical body through a gas, and its bearing upon the nature of molecular reflection from surfaces[J]. Physical Review, 1923, 22(1): 1-23.

[16] Ergun S. Fluid flow through packed columns[J]. Chemical Engineering Progress, 1952, 48(2): 89-94.

[17] Wen C Y, Yu Y H. Mechanics of fluidization[R]. Chemical Engineering Progress Symposium Series, 1966, 62: 100-111.

[18] Gidaspow D. Multiphase Flow and Fluidization[M]. San Diego: Academic Press, 1994.

[19] Dahl S R, Hrenya C M. Size segregation in gas-solid fluidized beds with continuous size distributions[J]. Chemical Engineering Science, 2005, 60(23): 6658-6673.

[20] Saffman P G. On the motion of small spheroidal particles in a viscous liquid[J]. Journal of Fluid Mechanics, 1956, 1(5): 540-553.

[21] McLaughlin J B. Inertial migration of a small sphere in linear shear flows[J]. Journal of Fluid Mechanics, 1991, 224: 261-274.

[22] Dandy D S, Dwyer H A. A sphere in shear flow at finite Reynolds number: effect of shear on particle lift, drag, and heat transfer[J]. Journal of Fluid Mechanics, 1990, 216: 381-410.

[23] Kurose R, Komori S. Drag and lift forces on a rotating sphere in a linear shear flow[J]. Journal of Fluid Mechanics, 1999, 384: 183-206.

[24] Rubinow S I, Keller J B. The transverse force on a spinning sphere moving in a viscous fluid[J]. Journal of Fluid Mechanics, 1961, 11(3): 447-459.

[25] Tri B D, Oesterle B, Deneu F. Premiers resulats sur la portance d'une sphere en rotation aux nombres de Reynolds intermediaies[J]. C.R. Acad. Sci. Ser. H: Mec. Phys. Chim. Sci. Terre Univers, 1990, 311: 27-31.

[26] Bagchi P, Balachandar S. Effect of free rotation on the motion of a solid sphere in linear shear flow at moderate Re[J]. Physics of Fluids, 2002, 14(8): 2719-2737.

[27] Brown R. A brief account of microscopical observations made in the months of June, July and August 1827, on the particles contained in the pollen of plants; and on the general existence of active molecules in organic and inorganic bodies[J]. The Philosophical Magazine Series 2, 1828, 4(21): 21-29.

[28] Batchelor G K. An Introduction to Fluid Dynamics[M]. Cambridge: Cambridge University Press, 1967.

[29]　Odar F, Hamilton W S. Forces on a sphere accelerating in a viscous fluid[J]. Journal of Fluid Mechanics, 1964, 18(2): 302-314.

[30]　邵亦琪, 崔玉红, 郑刚, 等. 真空环境下月壤颗粒受力影响因素及对空间分布的影响 [J]. 空间科学学报, 2016, 36(1): 1-11.

第 6 章　羽流场中月壤颗粒的相互碰撞问题

月壤颗粒被羽流场喷射后，距离发动机喷口较近的月壤颗粒具有很高的数密度，月壤颗粒之间的相互碰撞不可避免，这时不能忽略月壤颗粒相互碰撞的问题。图 6-1 为两个月壤颗粒运动轨迹示意图，图 6-1(a) 为不考虑碰撞时月壤颗粒的运动轨迹示意图，图 6-1(b) 为考虑碰撞后月壤颗粒的运动轨迹示意图，考虑碰撞问题更接近真实月壤颗粒的运动轨迹。因此，本章分析羽流场中月壤颗粒的相互碰撞现象和影响规律。

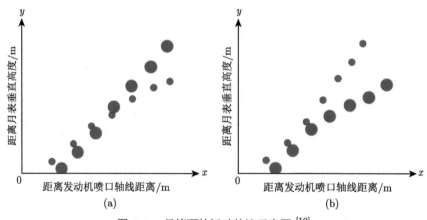

图 6-1　月壤颗粒运动轨迹示意图 [10]

本章提出两种方法研究羽流场中月壤颗粒的相互碰撞问题。6.1 节给出引入月壤颗粒相互碰撞问题的原因，6.2 节是月壤颗粒的完全弹性碰撞方法和分析，6.3 节是月壤颗粒的非完全弹性碰撞方法和分析，6.4 节是月壤颗粒相互碰撞问题的不同方法对比分析，6.5 节是本章小结。通过本章研究月壤颗粒在羽流作用下的相互碰撞现象，分析月壤颗粒相互碰撞的影响机理和影响因素，为着陆器和敏感器件等提供参考数据。

6.1　引入月壤颗粒相互碰撞问题的原因

月表真空环境下着陆器发动机喷出气体形成羽流，月壤颗粒和羽流相互作用，导致月球表层土壤颗粒向四面八方喷射。例如，阿波罗 12 号着陆在已经停用的勘测者 3 号附近 (阿波罗 12 号和勘测者 3 号相距约 160km)，通过回收勘测者 3 号部件发现，月壤颗粒导致的着陆器表面和敏感设备表面冲刷、点蚀和灰尘浸渍等问题比较严重 [1-4]。同时，被羽流激扬起来的月壤颗粒会明显降低着陆器和敏感设备的能见度，甚至引起着陆传感器设备出现错误显示，对着陆器和宇航员造成直接危害和严重影响 [5-7]。

月壤颗粒被羽流场喷射后，距离发动机喷口较近的月壤颗粒具有很高的数密度，月壤颗粒之间相互碰撞不可避免，不可忽略月壤颗粒相互碰撞的影响。也就是说，月壤颗粒数密度较高时，月壤颗粒的运动轨迹不仅受羽流场影响，还受颗粒之间相互碰撞的影响 [8-10]。因此，本章研究羽流场中月壤颗粒相互碰撞的影响机理和影响因素。

本章主要研究月壤颗粒之间的碰撞对月壤颗粒的受力、速度、位移等的影响机理和影响因素。本章包括三部分内容，6.2 节是未考虑能量损失的月壤颗粒相互碰撞，即研究完全弹性碰撞条件下月壤颗粒相互碰撞问题的影响机理和影响因素。6.3 节是有能量损失的月壤颗粒相互碰撞，即有能量损失的非弹性碰撞条件下月壤颗粒相互碰撞问题的影响机理和影响因素，6.4 节是不同条件下月壤颗粒碰撞问题的对比分析。本章假设月壤颗粒的运动为非稠密颗粒运动，同时暂不考虑月壤颗粒的扩散问题以及月壤颗粒与羽流场的双向耦合作用，月壤颗粒的扩散问题将在第 7 章进行研究，月壤颗粒与羽流场的双向耦合问题将在第 8 章进行研究。

6.2 月壤颗粒的完全弹性碰撞方法和分析

本章采用确定性模型中的硬球模型研究月壤颗粒间的相互碰撞问题。硬球模型的核心是对系统中的事件按照发生时间的先后排序并依次处理的确定性计算方法，该系统中各颗粒的状态并非同步更新，这不但有效减少了算法更新频繁带来的计算时间增加问题，而且能够获得颗粒有效详尽的轨迹信息。

因此，本章假设月壤颗粒间的碰撞为瞬间二元碰撞，碰撞过程中月壤颗粒本身不会发生形变，碰撞时的主要作用力为瞬时冲力，其他外力的影响在非碰撞过程给予分析。下面概述月壤颗粒发生完全弹性碰撞的计算原理和计算方法。

6.2.1 月壤颗粒的完全弹性碰撞方法

月壤颗粒之间发生完全弹性碰撞的假设如下。

(1) 月壤颗粒为圆球形；

(2) 碰撞过程中忽略月壤颗粒的变形，即在整个碰撞过程中，月壤颗粒质心之间的距离为常数，等于月壤颗粒的半径之和；

(3) 月壤颗粒在碰撞过程中为对心碰撞，即两个碰撞物体的质心位于接触点的公法线上；

(4) 月壤颗粒在碰撞过程中为斜碰撞 (两个碰撞物体接触点的相对速度在接触点的公法线上时称为正碰撞, 否则称为斜碰撞);

(5) 月壤颗粒在碰撞过程中无能量损失。

基于上述假设, 月壤颗粒发生完全弹性碰撞的计算原理和计算方法概述如下 [9,10]。

(1) 假设两个月壤颗粒的初始速度分别为 C_1、C_2, 判断两颗粒的中心位置, 若中心位置的距离小于两颗粒半径之和 $r_1 + r_2$, 则发生碰撞。

(2) 将两个颗粒碰撞前的速度分解, 沿着 x 轴和 y 轴方向可以分解为 C_{1x}、C_{1y} 和 C_{2x}、C_{2y}, 沿着平行和垂直质心连线的方向可以分解为 C_{10}、C_{11} 和 C_{20}、C_{21}, 如图 6-2(a) 和图 6-2(b) 所示。那么, 两个颗粒的速度沿质心连线方向和垂直于质心连线方向可以分别表示为 [9,10]

$$C_{10} = C_{1x} \cos\theta - C_{1y} \sin\theta \tag{6-1}$$

$$C_{11} = C_{1x} \sin\theta + C_{1y} \cos\theta \tag{6-2}$$

$$C_{20} = C_{2x} \cos\theta - C_{2y} \sin\theta \tag{6-3}$$

$$C_{21} = C_{2x} \sin\theta + C_{2y} \cos\theta \tag{6-4}$$

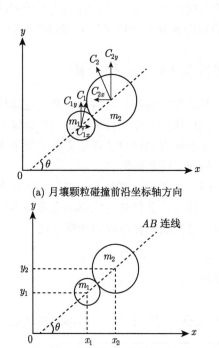

(a) 月壤颗粒碰撞前沿坐标轴方向　　　　　(b) 月壤颗粒碰撞前沿质心连线方向

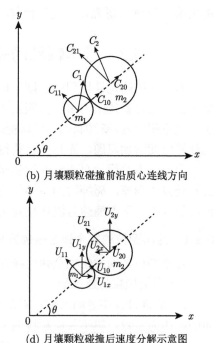

(c) 两颗粒质心连线与 x 轴夹角示意图　　　(d) 月壤颗粒碰撞后速度分解示意图

图 6-2　两个月壤颗粒碰撞前后速度和夹角分解示意图

(3) 通过两个颗粒的位置坐标求出其质心连线与 x 轴正方向的夹角 $\theta(-90° < \theta < 90°)$，如图 6-2(c) 所示。假设两个颗粒的坐标分别为 (x_1, y_1) 和 (x_2, y_2)，那么，质心连线所在直线 AB 的斜率为

$$k = \frac{y_1 - y_2}{x_1 - x_2} = \tan\theta \tag{6-5}$$

$$\theta = \arctan\frac{y_1 - y_2}{x_1 - x_2} \tag{6-6}$$

为了保证 θ 的符号为正，规定：

$$\theta = \begin{cases} \theta, & \theta > 0 \\ |\theta|, & \theta \leqslant 0 \end{cases} \tag{6-7}$$

(4) 假设两个质量为 m_1 和 m_2 的月壤颗粒相互碰撞中，在质心连线方向上分别满足动量守恒方程

$$m_1 C_{10} + m_2 C_{20} = m_1 U_{10} + m_2 U_{20} \tag{6-8}$$

能量守恒方程

$$\frac{1}{2}m_1 C_{10}^2 + \frac{1}{2}m_2 C_{20}^2 = \frac{1}{2}m_1 U_{10}^2 + \frac{1}{2}m_2 U_{20}^2 \tag{6-9}$$

通过动量守恒方程 (6-8) 和能量守恒方程 (6-9) 联立求解，得到两个月壤颗粒碰撞后的速度为 $\boldsymbol{U}_1$、$\boldsymbol{U}_2$。同理，两个月壤颗粒碰撞后的速度沿 x 轴和 y 轴方向分解为 U_{1x}、U_{1y} 和 U_{2x}、U_{2y}，沿着平行和垂直质心连线的方向分解为 U_{10}、U_{11} 和 U_{20}、U_{21}。联立方程 (6-8) 和方程 (6-9)，可以解出 U_{10} 和 U_{20}：

$$U_{10} = \frac{m_1 - m_2}{m_1 + m_2}C_{10} + \frac{2m_2}{m_1 + m_2}C_{20} \tag{6-10}$$

$$U_{20} = \frac{2m_1}{m_1 + m_2}C_{10} + \frac{m_2 - m_1}{m_1 + m_2}C_{20} \tag{6-11}$$

(5) 碰撞过程中垂直于两月壤颗粒质心连线方向速度不变，则有

$$U_{11} = C_{11}, \quad U_{21} = C_{21} \tag{6-12}$$

(6) 通过坐标转换就可以求得碰撞后两颗粒沿 x 轴、y 轴方向的速度，如图 6-2(d) 所示，即

$$U_{1x} = U_{10}\cos\theta + U_{11}\sin\theta \tag{6-13}$$

$$U_{1y} = -U_{10}\sin\theta + U_{11}\cos\theta \qquad (6\text{-}14)$$

$$U_{2x} = U_{20}\cos\theta + U_{21}\sin\theta \qquad (6\text{-}15)$$

$$U_{2y} = -U_{20}\sin\theta + U_{21}\cos\theta \qquad (6\text{-}16)$$

综上所述，通过方程 (6-13)~ 方程 (6-16) 中两个月壤颗粒碰撞前的速度可以求出两个月壤颗粒碰撞后的速度；根据两个月壤颗粒碰撞后的速度，可以进一步计算出两个月壤颗粒碰撞后的位移变量。

6.2.2 月壤颗粒的完全弹性碰撞分析

基于第 2 章月壤颗粒被羽流喷射后的计算方法 [8]，利用本节方程 (6-10)~ 方程 (6-16)，计算月壤颗粒碰撞后的速度和位移。下面是月壤颗粒在羽流场中碰撞问题的计算过程 [9,10]：

(1) 采用第 3 章 CFD/DSMC 耦合方法，分析不同高度羽流场的各参数。

(2) 采用公式 (2-7) 和公式 (2-9)，计算月壤颗粒受到的压应力和剪应力。

(3) 在每个不同高度的羽流场中，对比月表月壤颗粒剪应力 τ 与月表月壤颗粒发生破坏的临界值剪应力 τ^*；如果 $\tau > \tau^*$，通过公式 (2-14) 和公式 (2-13) 计算月表月壤颗粒发生破坏的位置和发动机羽流喷射的月壤颗粒临界质量。

(4) 将每个羽流场中喷射的月壤颗粒质量分配到每个计算时间步内，计算每个时间步内喷射的月壤颗粒质量和月壤颗粒个数。

(5) 采用本节方程 (6-13)~ 方程 (6-16)，获得月壤颗粒碰撞后的速度和位移。

本节计算程序采用 Fortran 语言编写，验证了计算程序的精确性和可靠性。本章月壤颗粒碰撞问题计算模型的区域选择长度 15m×高度 10m。在发动机喷口距月表 1.4m 时，月壤颗粒已经有了非常明显的喷射，为了显示方便，本章计算结果以 15m×1.4m 计算区域为例进行阐述。月壤颗粒碰撞问题计算模型及网格划分如图 2-3 所示，计算区域月壤颗粒网格尺寸均为 0.01m×0.01m，羽流场网格划分如图 3-2 所示。值得注意的是，月壤颗粒相互碰撞的时间非常短暂，不同直径月壤颗粒间的碰撞时间也不同，计算时间步预估为 $10^{-7} \sim 10^{-5}$s[10]。因此，我们选取 10^{-4}s、10^{-5}s 和 10^{-6}s 三个不同的时间步，以计算域内颗粒数最多的直径 10μm 和 40μm 月壤颗粒之间的相互碰撞为例进行计算，计算结果如表 6-1 所示。通过表 6-1 可以看出，计算时间步为 10^{-4}s 时，表中的每个计算结果与另外两种时间步存在比较大的误差，计算时间步为 10^{-5}s 和 10^{-6}s 的计算结果相差较小。后两组计算结果中场中颗粒数的误差为 2.26%，水平速度误差为 11.45%，竖直速度误差为 3.93%，平均碰撞次数误差为 2.72%。因此，本章选择时间步为 10^{-5}s，满足较高的精确性和计算效率。

表 6-1   不同时间步情况下直径 10μm 与 40μm 月壤颗粒碰撞计算参数比较

	计算时间步 10^{-4}s	计算时间步 10^{-5}s	计算时间步 10^{-6}s
场中颗粒数/个	9596650	12628933	12914658
月壤颗粒水平速度/(m/s)	491.5	353.6	313.1
月壤颗粒竖直速度/(m/s)	2837	35.6	34.2
平均碰撞次数/次	1.6	36.8	37.8

Apollo 样品数据表明 [11,12]，月壤颗粒直径分布很广，并与取样的位置有关。典型月壤颗粒的直径以小于 1mm 为主，与淤沙相似，中值粒径在 40~130μm，平均直径为 70μm[12]。质量分数将近 50% 的月壤颗粒直径小于人眼能够分辨的尺寸，即 60μm，质量分数为 10%~20% 的颗粒直径小于 20μm[12]。基于 Apollo 系列任务月壤颗粒样品的典型粒径分布，直径小于 20μm 的质量分数为 20%，我们假设平均直径为 10μm。月壤颗粒粒径为 20~60μm 的质量分数是 30%(50%(60μm 以下)~20%(小于 20μm))，我们假设平均直径为 40μm。总体平均粒径为 70μm，选取直径 70μm 作为一种代表颗粒。Apollo17 样品数据 [12] 显示质量分数为 77% 的月壤颗粒直径小于 100μm，因此月壤颗粒直径在 60~100μm 的质量分数为 27%(77%(100μm 以下)~50%(60μm 以下))。那么，剩余质量分数 23% 的月壤颗粒直径大于 100μm，考虑到更大直径月壤颗粒更难被羽流喷射的情况，假设此部分颗粒直径选取为 100μm (大直径的月壤颗粒被喷射的可能性很小)。因此，本节月壤颗粒直径和质量分数选取如表 6-2 所示。

表 6-2   模拟月壤颗粒直径和颗粒质量分数选取

直径/μm	10	40	70	100
质量分数	20%	30%	27%	23%

1. 未考虑月壤颗粒的相互碰撞分析

为了方便对比，本节首先对未考虑月壤颗粒相互碰撞问题进行分析。未考虑碰撞条件下 4 种直径月壤颗粒空间分布如图 6-3 所示。可以看出，4 种颗粒直径的月壤颗粒均呈现出一定角度内的喷射状，且分布具有明显的规律性。在距离喷射点较近处 (0~5m) 均有大量月壤颗粒分布，并呈现出明显的连续性；在距离喷射点较远处 (5~15m)，月壤颗粒逐渐呈现出一定的不连续性，但是所占空间明显增加。同时，发现月壤颗粒的直径对其空间分布也有着较为明显的影响，其中直径 10μm 月壤颗粒喷射角度最低，并在月表附近颗粒最多，基本趋于靠近月表运动，其在距离发动机喷口轴线距离 15m 处的最大喷射高度为 0.95m 左右。随着月壤颗粒直径的增大，喷射角也逐渐增大，月表附近月壤颗粒逐渐减少，接近上边界表面的颗粒逐渐增多。例如，直径 100μm 的月壤颗粒在距离发动机喷口 15m

地方的最大喷射高度可达到 1.4m，是直径 10μm 月壤颗粒的 1.47 倍，但是，靠近月球表面 (低于 0.5m) 几乎没有颗粒分布。

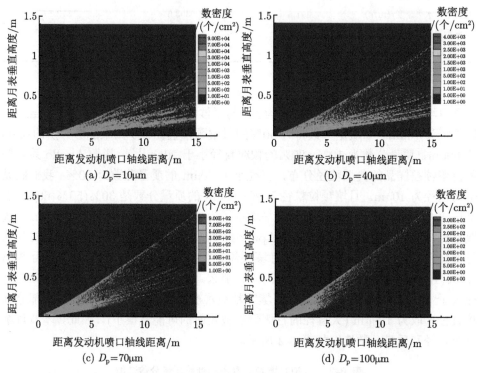

图 6-3　未考虑碰撞条件下 4 种直径月壤颗粒空间分布 ($t = 0.1$s)

表 6-3 为不同直径颗粒运动稳定计算所用时间以及喷射角度变化。从表 6-3 可以看出，小直径月壤颗粒有着较快的运动速度，可以用更短的时间达到相对稳定的空间分布。这说明在羽流场作用下小直径颗粒更容易被羽流所驱动，有着更高的加速度和速度。同时发现，直径越小的月壤颗粒，喷射角度越低，更贴近月表运动，例如直径 10μm 的月壤颗粒喷射角度只有 1.98°，而直径 100μm 的月壤颗粒喷射角度可以到 3.82°，是直径 10μm 月壤颗粒的 1.93 倍。

表 6-3　不同直径颗粒运动稳定计算所用时间以及喷射角度变化

直径/μm	稳定所用时间/s	喷射角度/(°)
10	0.037	1.98
40	0.045	2.67
70	0.050	3.25
100	0.079	3.82

2. 相同直径月壤颗粒的完全弹性碰撞分析

第 1 部分的计算结果显示, 在距离喷射点 0~5m 处存在大量的月壤颗粒分布, 可以预知这些月壤颗粒之间不可避免地会发生相互碰撞, 无论是相同直径月壤颗粒之间的相互碰撞, 还是不同直径月壤颗粒之间的相互碰撞, 都会对颗粒运动轨迹和空间分布产生明显的影响。因此, 本部分首先讨论相同直径月壤颗粒之间的完全弹性碰撞问题。

相同直径月壤颗粒之间完全弹性碰撞 ($e = 1.0$) 后的空间分布如图 6-4 所示。结果表明, 无能量损失的碰撞现象使得月壤颗粒不再呈现出一定角度范围内的喷射状分布, 近场处的颗粒上扬明显加强, 远场处呈现一定程度上的空间随机分布。四种直径月壤颗粒发生无能量损失的碰撞后, 大部分月壤颗粒垂直于月表的速度得到加强; 同时, 碰撞现象改变了月壤颗粒的速度, 从而改变了其在羽流场中受到的升力和曳力大小, 使得部分月壤颗粒出现了明显的上扬。碰撞现象不仅改变了颗粒的运动速度, 也改变了部分颗粒的运动方向, 使得部分颗粒向下运动。直径 10μm 月壤颗粒在相互碰撞后运动方向的改变尤为明显, 碰撞使其在距离喷口

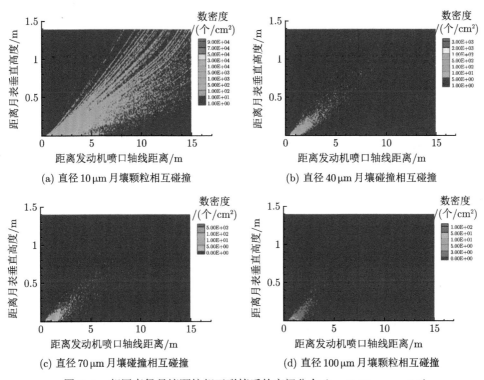

(a) 直径 10 μm 月壤颗粒相互碰撞

(b) 直径 40 μm 月壤碰撞相互碰撞

(c) 直径 70 μm 月壤碰撞相互碰撞

(d) 直径 100 μm 月壤颗粒相互碰撞

图 6-4   相同直径月壤颗粒相互碰撞后的空间分布 ($t = 0.10$s, $e = 1.0$)

0~5m 的月表空间均有明显的颗粒分布，月球表面颗粒分布增加，远场处颗粒所占空间也呈现出明显的增加。另外三种直径月壤颗粒虽然表现出垂直月表的速度增大，但水平方向运动速度减小表现得更为明显；在远场位置靠近月表几乎没有颗粒分布，颗粒所占空间出现了一定程度的减小。

相同直径月壤颗粒相互碰撞后 ($e = 1.0$) 的最大喷射角度变化如表 6-4 所示。可以看出，考虑完全弹性碰撞效应后，月壤的最大喷射角度明显增大，其中直径越小的颗粒喷射角度上升越大。例如，直径 10μm 月壤颗粒喷射角度由 1.98° 上升到 4.78°，上升了约 1.41 倍，直径 100μm 的月壤颗粒喷射角度由 3.82° 上升到 7.67°，上升了约 1.01 倍。

表 6-4　月壤颗粒碰撞后最大喷射角度变化

碰撞条件	考虑碰撞后最大喷射角度/(°)		
	$e = 1.0$	$e = 0.5$	$e = 0.1$
直径 10μm 月壤颗粒相互碰撞	4.78	3.97	3.05
直径 10μm 与 40μm 月壤颗粒碰撞	3.91	3.62	3.19
直径 10μm 与 70μm 月壤颗粒碰撞	3.57	3.17	3.06
直径 10μm 与 100μm 月壤颗粒碰撞	3.34	3.05	2.73
直径 40μm 月壤颗粒相互碰撞	5.54	5.12	4.58
直径 40μm 与 70μm 月壤颗粒碰撞	3.12	2.86	2.51
直径 40μm 与 100μm 月壤颗粒碰撞	2.91	2.64	2.07
直径 70μm 月壤颗粒相互碰撞	6.54	6.18	5.24
直径 70μm 与 100μm 月壤颗粒碰撞	2.51	2.27	1.72
直径 100μm 月壤颗粒相互碰撞	7.67	6.82	5.95

3. 不同直径月壤颗粒的完全弹性碰撞分析

第 2 部分分析了相同直径月壤颗粒完全弹性碰撞后的空间分布及角度变化，但是月壤颗粒直径分布从几微米到几百微米，必然存在不同直径月壤颗粒之间的碰撞。因此，本部分分析不同直径月壤颗粒的碰撞，仍以直径 10μm、40μm、70μm 和 100μm 为例，所采取的质量分数如表 6-2 所示。

完全弹性碰撞条件下不同直径月壤颗粒发生完全弹性碰撞后的空间分布如图 6-5 所示。颗粒所占空间百分比如表 6-5 所示。图 6-5(a)~(c) 为直径 10μm 月壤颗粒分别与直径 40μm、70μm 和 100μm 月壤颗粒碰撞后的空间分布云图，可以发现，碰撞的月壤颗粒直径越小，颗粒随机分布越明显，所占空间越大，喷射速度越快。直径 10μm 月壤颗粒与直径 40μm 月壤颗粒碰撞后所占空间是其与直径 100μm 月壤颗粒碰撞后所占空间的 1.5 倍。图 6-5(d) 和图 6-5(e) 为直径 40μm

月壤颗粒分别与直径 70μm 和直径 100μm 月壤颗粒碰撞后的空间分布云图，与直径 10μm 颗粒所占空间相比下降 24.0%～34.1%。图 6-5(f) 为直径 70μm 月壤颗粒与直径 100μm 月壤颗粒碰撞后的空间分布云图，计算区域的右下方几乎没有月壤颗粒分布，此时月壤颗粒所占空间仅为 11.0%。由此可见，小直径月壤颗粒间的碰撞会使颗粒所占空间增大，而大直径月壤颗粒间的碰撞会减小颗粒所占空间。

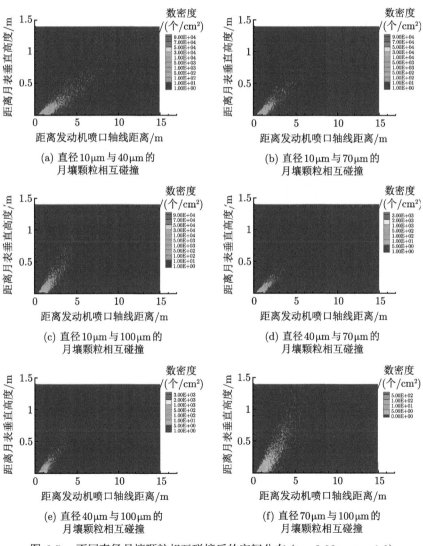

图 6-5　不同直径月壤颗粒相互碰撞后的空间分布 ($t = 0.03$s，$e = 1.0$)

表 6-5　不同能量恢复系数下不同直径月壤颗粒碰撞后空间百分比

	$e = 1.0$	$e = 0.5$	$e = 0.1$
(a) 直径 10μm 和 40μm 月壤颗粒碰撞	17.1%	18.4%↑	21.9%↑
(b) 直径 10μm 和 70μm 月壤颗粒碰撞	13.1%	12.3%↓	12.9%↑
(c) 直径 10μm 和 100μm 月壤颗粒碰撞	11.3%	9.5%↓	8.7%↓
(d) 直径 40μm 和 70μm 月壤颗粒碰撞	13.0%	12.4%↓	12.8%↑
(e) 直径 40μm 和 100μm 月壤颗粒碰撞	11.3%	10.0%↓	8.7%↓
(f) 直径 70μm 和 100μm 月壤颗粒碰撞	11.0%	9.1%↓	8.6%↓

注：↑ 表示上升；↓ 表示下降。

完全弹性碰撞条件下不同直径月壤颗粒相互碰撞后的最大喷射角度变化如表 6-4 所示。可以看出，不同直径月壤颗粒碰撞后的喷射角度相较于未考虑碰撞时的结果略有上升，但是小于相同直径碰撞后的喷射角度，其中直径 10μm 与 40μm 月壤颗粒无能量损失情况下，碰撞后的喷射角度最低为 3.91°，相较于未考虑碰撞情况下上升 1.93°，与直径 10μm 颗粒间的碰撞相比喷射角度下降 0.87°。在大直径月壤颗粒碰撞现象中，这一情况变得更为明显。结果表明在考虑不同直径月壤颗粒碰撞后，月壤颗粒更贴近月表运动，与阿波罗实际观测到的数据相吻合。

6.3　月壤颗粒的非完全弹性碰撞方法和分析

通过 6.2 节分析发现，月壤颗粒间的相互碰撞对月壤颗粒的空间分布有着明显的影响。实际的物理过程中，月壤颗粒之间的相互碰撞一般都伴有能量损失，因此，在 6.2 节基础上，本节探讨月壤颗粒发生非完全弹性碰撞问题。

6.3.1　月壤颗粒的非完全弹性碰撞方法

正常情况下月壤颗粒的相互碰撞会出现月壤颗粒的破碎以及分散等现象，属于非完全弹性碰撞，并伴有能量损失。月壤颗粒碰撞过程中产生能量损失可能有以下几个原因 [10]。① 月壤颗粒为表面粗糙的颗粒，在碰撞过程中，需要克服颗粒间摩擦所带来的阻力，不能避免地存在能量损失。② 月壤颗粒在碰撞过程中可能存在的变形会引起能量损失。③ 月壤颗粒在碰撞过程中，少量的颗粒动能会转换为颗粒的热能，引起一定的能量损失。④ 月壤颗粒的形态各异，分布从圆球状到尖锐棱角状，主要包括长条状、棱角状和次棱角状，月壤颗粒表面多棱角，多气孔结构，整体凹凸不平，这些不规则的形态会直接引起颗粒间的碰撞能量损失。⑤ 真空环境下月壤颗粒碰撞未考虑到的其他能量损失。此时，当考虑碰撞过程的能量损失时，6.2.1 节中的假设 (5) 不再成立，月壤颗粒原先遵循的动量守恒方程 (6-8) 和能量守恒方程 (6-9) 也不再满足。故本节通过引入能量恢复系数 e，考虑月壤颗粒碰撞现象引起的能量损失问题。

由于能量恢复系数 e 的定义为压缩周期和恢复周期的冲量比，因此在颗粒与颗粒相互碰撞问题中，将碰撞过程分为压缩周期和恢复周期进行分析。通过这种方式对恢复系数进行定义，可以更好地将此类问题推广到非球形的颗粒上。本节月壤颗粒的形状被假设为一个球体，因此，将碰撞前和碰撞后的相对速度之比定义为恢复系数。同时，这种分析方法在满足计算精度的情况下，可以对颗粒间的碰撞问题进行适当简化。

硬球模型是以两个颗粒碰撞过程中的瞬时冲量为基础进行推导的，其中冲量定义为作用在颗粒上的力与时间的积分。在碰撞过程中两个颗粒满足如下运动方程 [13]：

$$m_1(\boldsymbol{v}_1 - \boldsymbol{v}_1^{(0)}) = \boldsymbol{J} \tag{6-17}$$

$$m_2(\boldsymbol{v}_2 - \boldsymbol{v}_2^{(0)}) = -\boldsymbol{J} \tag{6-18}$$

式中，$\boldsymbol{J}$ 为颗粒 1 所受的冲量 (也是颗粒 2 受到的反作用力的冲量)，$\boldsymbol{v}$ 为颗粒速度矢量，下标 1 和 2 为两个不同的颗粒，上标 (0) 为碰撞前的数值。

碰撞前与碰撞后月壤颗粒质心的相对速度分别表示为 $\boldsymbol{G}^{(0)}$ 和 $\boldsymbol{G}$：

$$\boldsymbol{G}^{(0)} = \boldsymbol{v}_1^{(0)} - \boldsymbol{v}_2^{(0)} \tag{6-19}$$

$$\boldsymbol{G} - \boldsymbol{v}_1 - \boldsymbol{v}_2 \tag{6-20}$$

将方程 (6-17)、(6-18)、(6-19) 和 (6-20) 联立求解可得到

$$\boldsymbol{G} = \boldsymbol{G}^{(0)} + \frac{m_1 + m_2}{m_1 m_2} \boldsymbol{J} \tag{6-21}$$

方程 (6-21) 两侧同时点乘单位向量 $\boldsymbol{n}$ 得到

$$\boldsymbol{n} \cdot \boldsymbol{G} = \boldsymbol{n} \cdot \boldsymbol{G}^{(0)} + \frac{m_1 + m_2}{m_1 m_2} \boldsymbol{n} \cdot \boldsymbol{J} \tag{6-22}$$

同时，假设碰撞后的相对速度 $\boldsymbol{G}$ 与碰撞前的相对速度 $\boldsymbol{G}^{(0)}$ 呈比例关系 e，即

$$\boldsymbol{n} \cdot \boldsymbol{G} = -e\left(\boldsymbol{n} \cdot \boldsymbol{G}^{(0)}\right) \tag{6-23}$$

将方程 (6-23) 代入方程 (6-22) 得到

$$-e\left(\boldsymbol{n} \cdot \boldsymbol{G}^{(0)}\right) = \boldsymbol{n} \cdot \boldsymbol{G}^{(0)} + \frac{m_1 + m_2}{m_1 m_2} J_n \tag{6-24}$$

由方程 (6-24) 可知冲量的法向分量 $\boldsymbol{J}_n$ 的显式为 [13]

$$J_n = -\frac{m_1 m_2}{m_1 + m_2}(1 + e)(\boldsymbol{n} \cdot \boldsymbol{G}^{(0)}) \tag{6-25}$$

将方程 (6-25) 代入方程 (6-17) 和 (6-18) 可求出碰撞后的法向速度, 并转化为标量形式:

$$U_{10} = \frac{m_1 - em_2}{m_1 + m_2}C_{10} + \frac{m_2}{m_1 + m_2}(1 + e)C_{20} \tag{6-26}$$

$$U_{20} = \frac{m_1}{m_1 + m_2}(1 + e)C_{10} + \frac{m_2 - em_1}{m_1 + m_2}C_{20} \tag{6-27}$$

也就是说, 考虑非完全弹性碰撞的两个月壤颗粒碰撞后, 假设方程 (6-26) 和方程 (6-27) 描述的两个颗粒质心连线方向速度公式依然满足方程 (6-12), 同样采用方程 (6-13)~ 方程 (6-16) 进行速度分解, 分别得到碰撞后两个月壤颗粒在水平和竖直方向上的速度以及两个颗粒碰撞后的位移。本节其他的计算步骤与 6.2 节相同。

6.3.2　月壤颗粒的非完全弹性碰撞分析

本节非完全弹性碰撞问题的计算模型、网格划分、计算区域、计算时间步以及月壤颗粒直径等与 6.2.2 节一致。本节计算程序采用 Fortran 语言编写, 验证了计算程序的精确性和可靠性。本部分采用非完全弹性碰撞公式 (6-26) 和公式 (6-27), 以能量恢复系数 $e = 0.5$ 和 $e = 0.1$ 为例, 分析有能量损失后碰撞问题对月壤颗粒空间分布和运动轨迹的影响机理和影响因素。同理, 本节首先分析相同直径的月壤颗粒碰撞问题, 然后分析不同直径月壤颗粒的碰撞问题。

1. 相同直径月壤颗粒的非完全弹性碰撞分析

有能量损失后, 相同直径月壤颗粒发生碰撞后的空间分布云图如图 6-6 ($e =$ 0.5) 和图 6-7 ($e = 0.1$) 所示。可以看出, 考虑碰撞过程的能量损失后, 碰撞后月壤颗粒的能量传递减少, 竖直速度相较于未考虑碰撞时有所增大, 但小于无能量损失情况下的速度, 向上运动趋势整体减弱, 但少量月壤颗粒运动到发动机喷口附近。同时, 远场位置的颗粒空间分布增多, 随着能量损失的增加, 这一现象会变得更加明显。值得注意的是, 直径 10μm 月壤颗粒相互碰撞后受到能量损失的影响最大, 随着能量损失的增加 (即能量恢复系数的减小), 沿月球表面运动的月壤颗粒分布增加, 远场空间分布轨迹变化更为明显。主要流动方向呈现出沿流场流动的方向。此外, 另外三种直径月壤颗粒喷射颗粒数明显降低, 更多的降落到月球表面, 空间颗粒分布减少。

在有能量损失后的情况下, 相同直径月壤颗粒相互碰撞后的最大喷射角度变化如表 6-4 所示。可以看出, 随着能量损失的增加, 不同直径的月壤颗粒最大喷

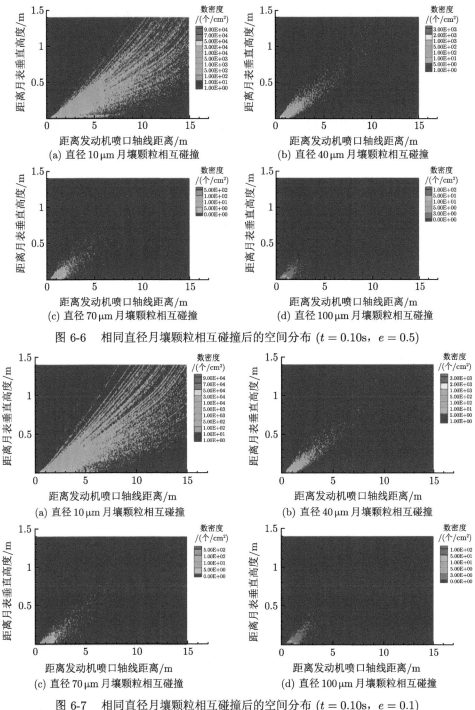

(a) 直径 10 μm 月壤颗粒相互碰撞

(b) 直径 40 μm 月壤颗粒相互碰撞

(c) 直径 70 μm 月壤颗粒相互碰撞

(d) 直径 100 μm 月壤颗粒相互碰撞

图 6-6　相同直径月壤颗粒相互碰撞后的空间分布 ($t = 0.10\mathrm{s}$，$e = 0.5$)

(a) 直径 10 μm 月壤颗粒相互碰撞

(b) 直径 40 μm 月壤颗粒相互碰撞

(c) 直径 70 μm 月壤颗粒相互碰撞

(d) 直径 100 μm 月壤颗粒相互碰撞

图 6-7　相同直径月壤颗粒相互碰撞后的空间分布 ($t = 0.10\mathrm{s}$，$e = 0.1$)

射角度均出现不同程度的降低，其中直径越大的颗粒，喷射角度下降的绝对角度
就越大。例如，直径 70μm 和直径 100μm 月壤颗粒的最大喷射角度由无能量损失
碰撞情况下的 6.54° 和 7.67° 分别下降到 5.24° 和 5.95°，下降约 19.9%和 22.4%，
但依然远大于未考虑碰撞的喷射角度。

2. 不同直径月壤颗粒非完全弹性碰撞分析

考虑非完全弹性碰撞引起的能量损失后，不同直径月壤颗粒发生碰撞后的空
间分布如图 6-8 ($e = 0.5$) 和图 6-9 ($e = 0.1$) 所示，颗粒所占空间百分比如表 6-5
所示。可以发现，在有能量损失的情况下，月壤颗粒整体喷射角度呈现下降趋势，
小直径月壤颗粒碰撞后所占空间进一步增加，大直径月壤颗粒碰撞后所占空间进
一步减小，喷射初始位置向后移动。图 6-9(a) 是直径 10μm 与直径 40μm 月壤颗
粒碰撞后的空间云图，与图 6-5(a) 相比，空间中的月壤颗粒依然以直径 10μm 的
颗粒为主，颗粒的随机性分布进一步增强，在 $e = 0.1$ 时颗粒所占空间增加 21.9%。
图 6-9(b) 是直径 10μm 与直径 70μm 月壤碰撞后的空间云图，与图 6-5(b) 相比，
颗粒所占空间百分比上升 12.9%。图 6-9(c) 是直径 10μm 与直径 100μm 月壤碰
撞后的空间云图，与图 6-5(c) 相比，在 $e = 0.1$ 时颗粒所占空间下降 8.7%。图
6-9(d) 是直径 40μm 与直径 70μm 月壤碰撞后的空间云图，与图 6-5(d) 相比，颗
粒所占空间百分比上升 12.8%。图 6-9(e) 是直径 40μm 与直径 100μm 月壤碰撞
后的空间云图，与图 6-5(e) 相比，在 $e = 0.1$ 时颗粒所占空间下降 8.7%，喷射位
置由距离发动机喷口 0.5m 后移到 0.8m 的位置。图 6-9(f) 是直径 70μm 与直径
100μm 月壤碰撞后的空间云图，与图 6-5(f) 相比，在 $e = 0.1$ 时颗粒所占空间下
降了 8.6%，喷射位置后移至 0.9m 处。比较有无能量损失的计算结果发现，能量
损失导致碰撞后颗粒获得的动量和能量进一步降低，小直径颗粒更容易受到碰撞
的影响，空间分布随机性强，而大直径颗粒碰撞后喷射点逐渐靠后，更多的颗粒
降落到月球表面，使得空中颗粒分布减少，随着能量损失的增加，这一现象变得
越来越明显。

在有能量损失的情况下，不同直径月壤颗粒相互碰撞后的最大喷射角度变化
如表 6-4 所示。可以看出，考虑能量损失后不同直径月壤颗粒碰撞后的喷射角会
进一步下降。例如，直径 10μm 与 100μm 月壤颗粒没有能量损失碰撞后的最大
喷射角度为 3.34°；在能量恢复系数为 0.5 时，最大喷射角度下降到 3.05°；随
着能量恢复系数继续下降到 0.1，最大喷射角度下降到 2.73°。总之，碰撞过程
中的能量损失是考虑月壤颗粒在羽流场中碰撞问题重要和不可忽略的关键因素
之一；有能量损失情况下月壤颗粒碰撞后的计算结果更符合阿波罗实际观测到的
数据。

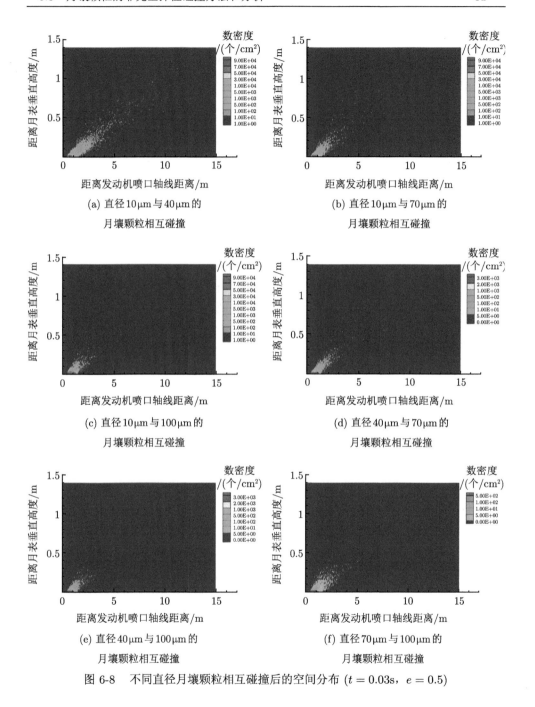

图 6-8 不同直径月壤颗粒相互碰撞后的空间分布 ($t = 0.03\text{s}$, $e = 0.5$)

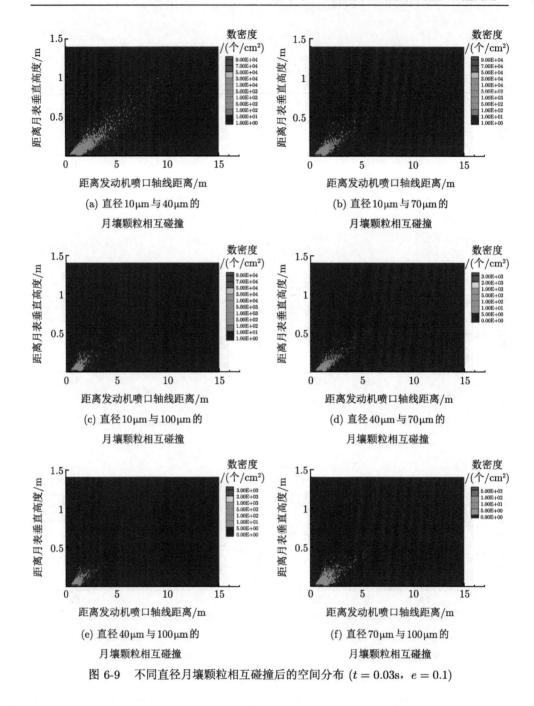

图 6-9　不同直径月壤颗粒相互碰撞后的空间分布 ($t = 0.03\text{s}$，$e = 0.1$)

6.4 月壤颗粒相互碰撞问题的不同方法对比分析

本节分析不同碰撞条件下，碰撞问题对月壤颗粒空间分布的影响机理和影响规律，包括未考虑月壤颗粒相互碰撞、碰撞过程中无能量损失和碰撞过程中有能量损失三种情况。结果表明，碰撞问题对月壤颗粒的空间分布有着明显的影响，直径越小的月壤颗粒发生碰撞后的随机分布越明显，整体所占空间更广泛，喷射角度相对较低。同时，随着能量损失的增加，使颗粒的运动速度下降，碰撞次数增加，落在月表的月壤颗粒分布增加。

6.4.1 月壤颗粒碰撞的平均次数和平均速度

碰撞次数是颗粒间发生碰撞现象的直接体现，单个月壤颗粒在有无能量损失时的平均碰撞次数如图 6-10 所示。图 6-10(a) 是无能量损失情况下，直径 10μm 月壤颗粒与不同直径颗粒碰撞后的平均碰撞次数统计，可以看出，初始阶段月壤颗粒在月表堆积，颗粒间碰撞次数逐步增加，并出现了最大碰撞次数。随着时间的增加，场中月壤颗粒逐渐喷射，颗粒空间分布更加广泛，碰撞次数逐渐出现明显的下降，直到趋于稳定。平均碰撞次数的变化趋势体现了月壤颗粒在月表逐渐累积、喷射和稳定的过程。同时，直径 10μm 与直径越大的月壤颗粒碰撞，发生碰撞的概率越大，碰撞次数越多，这说明大直径月壤颗粒与小直径月壤颗粒的碰撞在碰撞中起到了主导作用。从力学角度来说，小直径颗粒在水平方向和垂直方向上的运动速度都比大直径颗粒的运动速度快，从而导致了不同直径月壤颗粒间的碰撞。速度的不同与不同直径颗粒的受力有关，在羽流场中颗粒受到重力、曳力和升力的作用，其中重力是颗粒直径的立方的相关量，曳力和升力则是重力平方的相关量，使得小直径颗粒受到的加速度更大，更容易加速到较快的速度，与大直径颗粒发生追击碰撞。图 6-10(b)、图 6-10(c) 和图 6-10(d) 分别是直径 10μm 月壤颗粒与直径 40μm、70μm 和 100μm 月壤颗粒在有能量损失情况下的平均碰撞次数统计，随着能量损失的增加，月壤颗粒的碰撞次数均呈现了一定的增加，当能量恢复系数为 0.1 时，三种情况的平均碰撞次数分别增加 65.7%、63.1% 和 16.3%。小直径月壤颗粒碰撞次数百分比增加得更为明显，这是由于小直径月壤颗粒更容易受到羽流的影响，具有更大的运动速度，运动到远场的过程中更容易发生多次碰撞。也就是说，能量损失会加剧颗粒间的碰撞现象，加强碰撞问题对月壤颗粒空间分布的影响。

能量损失不仅会增加颗粒间的碰撞次数，也会降低颗粒的平均运动速度，进而影响颗粒的空间分布。有能量损失和没有能量损失条件下直径 10μm 与不同直径月壤颗粒在碰撞后的平均速度如表 6-6 所示。可以看出，在相同能量恢复系数条件下，随着碰撞颗粒直径的增加，颗粒的运动速度降低。直径 10μm 与直径 40μm

月壤颗粒碰撞后，出现了最大的平均速度，水平平均速度和竖直平均速度分别为
353.6m/s 和 35.6m/s。同时，对于同种条件下的碰撞，随着能量损失的增加，月
壤颗粒的水平平均速度和竖直平均速度都出现了一定的减弱，与直径越大的月壤
颗粒碰撞，下降的比例越大。直径 10μm 与 100μm 月壤颗粒碰撞后，颗粒的水
平平均速度和竖直平均速度仅为 50.4m/s 和 12.3m/s，当能量恢复系数为 0.1 时，
水平平均速度和竖直平均速度分别下降 46.2%和 64.1‰。

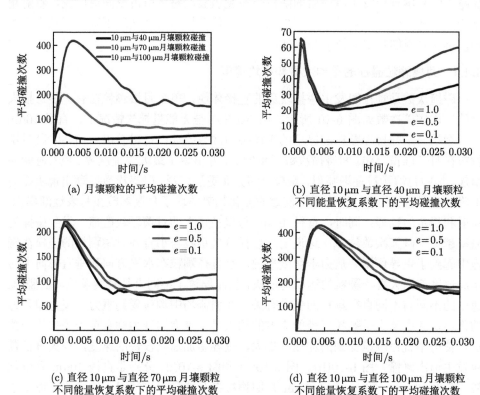

(a) 月壤颗粒的平均碰撞次数

(b) 直径 10 μm 与直径 40 μm 月壤颗粒
不同能量恢复系数下的平均碰撞次数

(c) 直径 10 μm 与直径 70 μm 月壤颗粒
不同能量恢复系数下的平均碰撞次数

(d) 直径 10 μm 与直径 100 μm 月壤颗粒
不同能量恢复系数下的平均碰撞次数

图 6-10　月壤颗粒的平均碰撞次数 [10]

表 6-6　　直径 10μm 月壤颗粒与不同直径月壤颗粒碰撞后的平均速度

能量恢复系数	直径 10μm 与 40μm 月壤颗粒碰撞		直径 10μm 与 70μm 月壤颗粒碰撞		直径 10μm 与 100μm 月壤颗粒碰撞	
	水平速度 /(m/s)	竖直速度 /(m/s)	水平速度 /(m/s)	竖直速度 /(m/s)	水平速度 /(m/s)	竖直速度 /(m/s)
$e = 1.0$	353.6	35.6	91.8	15.5	50.4	12.3
$e = 0.5$	343.1	32.2	90.7	13.5	29.8	5.33
$e = 0.1$	323.3	32.1	82.8	12.4	27.1	4.41

6.4.2 月壤颗粒的运动轨迹和月表颗粒所占比例

考虑碰撞现象后,部分月壤颗粒的运动轨迹如图 6-11 所示。可以看出,颗粒多次运动方向的改变,即发生了多次的碰撞现象,这一现象在近场位置尤为明显,如图 6-11(b) 中多次拐点位置所示,其中 6-11(b) 是图 6-11(a) 圈中位置的运动轨迹局部放大图。相较而言,在远场位置的颗粒分布较少,发生碰撞概率较低,故轨迹以流场的影响为主。同时从局部放大图 6-11(b) 中还可以发现,月壤颗粒碰撞剧烈改变月壤颗粒的运动轨迹,部分颗粒沿月表运动,甚至落到月球表面。因此,碰撞现象是探讨月壤颗粒在羽流场中的轨迹不能忽略的因素。

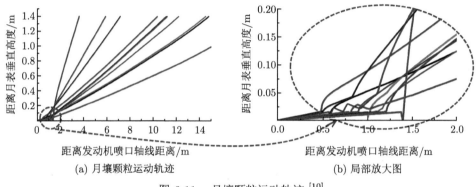

(a) 月壤颗粒运动轨迹 (b) 局部放大图

图 6-11 月壤颗粒运动轨迹 [10]

考虑碰撞问题后,落在月表 (本章假设距月球表面 0.02m 以下的空间为月表) 的月壤颗粒所占整体颗粒百分比如表 6-7 所示。月表月壤颗粒所占整体颗粒百分比定义为月表月壤颗粒数与整个场中月壤颗粒数之比,可以看出,由于多次碰撞的影响,落在月表的月壤颗粒明显增加。首先,与未考虑碰撞相比,碰撞过程降低了月壤颗粒的整体运动速度,从而使得降落在月表的月壤颗粒增加。其次,在相同能量恢复系数的情况下,直径 10μm 月壤颗粒与直径越大的月壤颗粒碰撞,

表 6-7 月表月壤颗粒数占空间百分比

| | | 月表平均颗粒数 | | |
		直径 10μm 与 40μm 月壤颗粒碰撞	直径 10μm 与 70μm 月壤颗粒碰撞	直径 10μm 与 100μm 月壤颗粒碰撞
考虑碰撞	$e = 1.0$	14.1%	16.0%	17.4%
	$e = 0.5$	24.5%	36.2%	40.3%
	$e = 0.1$	32.0%	46.3%	56.8%
未考虑碰撞		10.3%	11.5%	13.0%

落在月表的月壤颗粒越多，其中与直径 100μm 月壤颗粒碰撞后，落在月表的月壤颗粒是与直径 40μm 月壤颗粒碰撞的 1.2~1.8 倍。最后，在相同碰撞条件下，随着能量损失的增加，落在月表的月壤颗粒数也随之增加，能量恢复系数为 0.1 时，落在月表颗粒数增加 1.3~2.3 倍。综上所述，考虑月壤颗粒间的碰撞现象能量损失后，月壤颗粒的平均速度降低，碰撞次数增加，落在月表的颗粒分布增加。

6.4.3　与未考虑碰撞问题的比较

考虑与未考虑碰撞现象后各直径颗粒的最大速度和平均速度如表 6-8 所示。相较于只考虑羽流对月壤颗粒的作用，碰撞促使月壤颗粒的最大速度增加，平均速度降低，即碰撞促使个别颗粒运动加强，反而减弱颗粒的平均速度，最大速度上升 21.6%，平均速度下降 41.9%~81.7%。主要原因在于碰撞过程使得颗粒的运动轨迹改变，少量颗粒运动到羽流场中流速较高的区域，在流场曳力、升力和月球重力的作用下获得更大的加速度，拥有更快的运动速度。更为普遍的情况是大量颗粒在进行动量传递后，颗粒本身具有的动量减少，运动速度降低。考虑碰撞后月壤颗粒的运动速度与方向会发生瞬时的改变，运动轨迹不再平滑，距离喷射位置较近的颗粒密度增加，远场处的空间分布有着很强的随机性，如图 6-11 中月壤颗粒运动轨迹所示。

表 6-8　不同方法下各直径颗粒的最大速度和平均速度

直径/μm	未考虑碰撞		考虑硬球碰撞	
	最大速度/(m/s)	平均速度/(m/s)	最大速度/(m/s)	平均速度/(m/s)
10	1043.6	603.3	1629.2	355.4
40	995.5	493.1	1459.6	280.7
70	807.2	369.5	1214.4	90.3
100	652.4	293.0	793.0	53.4

6.4.4　与软球模型的比较

Berger 等 [14-16] 采用软球模型对羽流引起月壤颗粒的碰撞问题进行数值模拟分析，为了与软球模型进行对比，本章采用与软球模型相同的计算参数 (两种颗粒直径分别为 130μm 和 31μm，质量分数均为 50%)，通过硬球模型进行计算，软球模型与硬球模型的计算结果如图 6-12 和表 6-9 所示。Berger 等 [14] 的软球模型计算结果 (图 6-9(a)) 表明，月壤颗粒最大喷射高度为 0.32m，所占空间为整个区域的 12.4%。对比而言，本章硬球模型很明显的特点是大量月壤颗粒分布在灰色矩形区域外，月壤颗粒所占空间比软球模型增加 41.94%，最大喷射高度增加 143.75%，竖直速度增加 19.10%，水平速度降低 7.97%。也就是说，月壤颗粒在月表以上的半空中碰撞，特别是不同直径颗粒之间的碰撞，导致月壤颗粒垂直方向的动量和动能增加明显，少量月壤颗粒的喷射高度甚至达到 0.5m 以上。同时，Berger 等 [14] 软球模型在水平方向分布相对均匀，硬球模型中大量月壤颗粒到达 1.5~3.5m 远点。两种计算结果差别比较大的原因在于硬球碰撞中假设月壤颗粒为刚性球体，碰撞中更为直接地改变了月壤颗粒的运动方向，使得月壤颗粒喷射高度更高，所占空间更为广泛。其次，在软球模型中月壤颗粒的弹性刚度、杨氏模量等参数影响计算结果，而且选取的参数存在着一定的不确定性，也会造成计算结果的不同。总之，虽然硬球模型对计算时间步有着更严格的要求，但是可以获得的计算精度也更高。

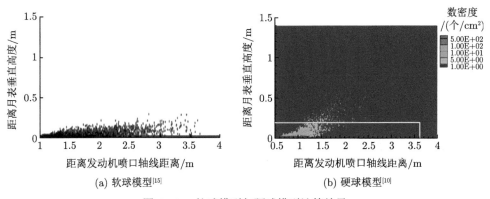

(a) 软球模型[15] (b) 硬球模型[10]

图 6-12 软球模型与硬球模型计算结果

表 6-9 软球模型与硬球模型主要计算数据对比

	软球模型[14]	硬球模型 (本章)
月壤颗粒空间占比/%	12.4	17.6
竖直方向最大喷射高度/m	0.32	0.78
竖直平均速度/(m/s)	0.89	1.06
水平平均速度/(m/s)	10.41	9.58

6.4.5 与其他人结果的比较

表 6-10 为本章计算结果与 Immer[5] 和 Morris 等 [17] 工作的对比。Morris 等 [17] 的计算结果表明，小直径月壤颗粒更容易受到羽流的驱动而加速到比大直径颗粒更快的速度，从而导致更广泛的分布。这与本章的研究结果基本一致。同时，从表 6-6 和表 6-8 可以看出，碰撞改变了月壤颗粒的运动速度，小直径月壤颗粒的速度随着碰撞过程中动量和能量的传递而改变，会明显受到羽流曳力及升力的影响，拥有最大的平均速度和最大速度。

不同学者关于月壤颗粒在羽流场作用下的喷射角度与空间内颗粒数密度略有不同，如表 6-10 所示。Immer[5] 研究阿波罗数据发现月壤颗粒在羽流作用下的喷射角度为 3.3°，月壤颗粒的数密度为 $10^8 \sim 10^{15}$ 个/m³。Morris 等 [17] 的模拟结果显示，30μm 月壤颗粒喷射角度为 2.8°，且小直径月壤颗粒的喷射角度会进一步上升。本章不同能量恢复系数下月壤颗粒的平均喷射角度分别为 3.22°、2.94° 和 2.55°[18]，无能量损失时计算结果最为接近阿波罗任务的平均值，随着能量损失的增加，月壤颗粒喷射角度降低。主要是由于本章中大直径月壤颗粒质量相对较大，充分考虑了每个时间步内大直径颗粒在运动过程中的碰撞现象，大直径月壤颗粒在碰撞后的喷射角度相对较低。同时，本章计算得到的月壤颗粒空间数密度结果符合阿波罗的观测结果，特别是 $e = 0.1$ 时，基本吻合。

表 6-10   月壤颗粒喷射角度与空间内颗粒密度对比

		喷射角度/(°)	颗粒数密度/(个/m³)
本章 [18]	$e = 1.0$	3.22 (10~100μm)	$1.26 \times 10^7 \sim 1.89 \times 10^{12}$
	$e = 0.5$	2.94 (10~100μm)	$1.38 \times 10^7 \sim 2.24 \times 10^{12}$
	$e = 0.1$	2.55 (10~100μm)	$9.56 \times 10^7 \sim 2.67 \times 10^{12}$
Immer[5]		3.3 (全直径)	$10^8 \sim 10^{15}$
Morris 等[17]		2.8 (30μm)	—

6.5 本 章 小 结

本章采用硬球模型对月壤颗粒之间的碰撞现象进行了数值研究，其中控制方程满足动量守恒和能量守恒方程。首先，分析了未考虑碰撞条件下月壤颗粒空间分布的影响机理和影响因素；其次，分析了无能量损失情况下碰撞现象对月壤颗粒运动的影响机理和影响因素；最后，分析了有能量损失情况下碰撞现象月壤颗粒运动的影响机理和影响因素。通过对不同碰撞条件下的对比分析，探讨了月壤颗粒间的相互碰撞对月壤颗粒运动轨迹和空间分布的影响机理和影响因素，考虑碰撞能量损失后月壤颗粒分布更符合实际着陆过程中观测到的结果，碰撞现象使得月壤颗粒整体喷射角度更大，月壤颗粒空间分布更随机，印证了碰撞问题是研究月壤颗粒空间分布不能忽略的重要影响因素之一。

完全弹性碰撞情况下，月壤颗粒的运动轨迹及空间分布明显受到不同直径月壤颗粒间碰撞现象的影响。与未考虑碰撞的结果相比，颗粒的喷射角度上升，运动速度降低，空间分布随机性加强，降落在月表的颗粒数增加。直径 10μm 和直径 40μm 颗粒未考虑能量损失时的平均碰撞次数为 36.8，平均速度为 355.4m/s，随着碰撞颗粒直径的增加，颗粒的平均碰撞次数也增加 0.7~3.2 倍，运动速度下降 71.6% 以上，降落在月表的颗粒数增加 13.5%~23.4%。

考虑能量损失的非完全弹性碰撞条件下，月壤颗粒的运动速度和空间分布会进一步改变。相较于没有能量损失时，随着能量损失的增加，月壤颗粒的平均碰撞次数和降落在月表的颗粒数随之增加，喷射角度和运动速度逐渐降低。当能量恢复系数为 0.1 时，平均碰撞次数和降落在月表的月壤颗粒数分别增加 16.3%～65.7%和 126.9%～226.4%，喷射角度和运动速度分别下降 14.28%～31.47%和 8.7%～46.2%。

参 考 文 献

[1] Immer C. Apollo 12 lunar module exhaust plume impingement on lunar surveyor III[J]. Icarus, 2011, 211(2): 1089-1102.

[2] Metzger P T. Scaling of erosion rate in subsonic jet experiments and Apollo lunar module landings [C]. Earth and Space 2010, 2010: 191-207.

[3] Brien B J, Freden S C, Bates J R. Degradation of Apollo 11 deployed instruments because of lunar module ascent effects[J]. Journal of Applied Physics, 1970, 41(11): 4538-4541.

[4] Jaffe L D. Blowing of lunar soil by Apollo 12: Surveyor 3 evidence[J]. Science, 1971, 171(3973): 798-799.

[5] Immer C. Apollo video photogrammetry estimation of plume impingement effects[J]. Icarus, 2011, 214(1): 46-52.

[6] Conrad C, Bean A. Apollo 12 technical crew debriefing[R]. NASA Johnson Space Center, Houston, USA,1969.

[7] Scott D, Worden A. Apollo 15 technical debriefing, in Rep. MSC-4561[R]. NASA Manned Space Center, Houston, USA, 1971: 9-14.

[8] 耿动梁, 任德鹏, 叶青, 等. 羽流场与月壤颗粒相互作用的一种新计算方法 [J]. 宇航学报. 2014, 35(8): 884-892.

[9] 郑刚, 崔玉红, 于伟, 等. 考虑相互碰撞影响的月壤颗粒运动轨迹计算方法研究 [J]. 空间科学学报, 2015, 35(4): 486-494.

[10] Bo Z, Xie Y, Li Y, et al. Coillision phenomenon of lunar soil particles under engine plume in a vacuum by numerical simulation [J]. Acta Astronautica, 2021, (189): 615-423.

[11] Carrier W D, Mitchell J K, Mahmood A. The nature of lunar soil[J]. Journal of the Soil Mechanics & Foundations Division, 1973, 99(10): 813-832.

[12] Carrier W D, Olhoeft G R, Mendell W. Physical Properties of the Lunar Surface[M]. New York: Cambridge University Press, 1991.

[13] Roland B. Multiphase Flows with Droplets and Particles[M]. Boca Raton: CRC Press, 1998.

[14] Berger K J, Anada A, Metzger P T. Role of collisions in erosion of regolith during a lunar landing[J]. Physical Review E, 2013, 82(2): 1-14.

[15] Berger K J, Hrenya C M. Predicting Regolith erosion during a lunar landing: Role of continuous size distribution[J]. Journal of Aerospace Engineering, 2017, 30(5): 04017027.

[16] Berger K J, Hrenya C M. Impact of a binary size distribution on partilce erosion due to an impinging gas plume[J]. AIChe Journal, 2016, 62(4): 984-995.

[17] Morris A, Goldstein D, Varghese P. Plume impingement on a dusty lunar surface[J]. American Institute of Physics, 2011: 1187-1192.

[18] 薄志刚. 真空环境下羽流场中月壤颗粒扩散问题和碰撞问题的数值研究 [D]. 天津: 天津大学, 2021.

第 7 章　羽流场中月壤颗粒的扩散问题

月壤颗粒被羽流场喷射后，距离发动机喷口较近的月壤颗粒具有较高的数密度，其他位置数密度较低，在月表运动的月壤颗粒存在明显的浓度差。月壤颗粒从高浓度处向低浓度处扩散，是不可忽略的月壤颗粒的扩散问题。图 7-1 为月壤扩散时一个月壤颗粒团的运动轨迹示意图，即一个月壤颗粒团在 A 点经过 dt 时间后到达 B 点，发生了扩散的示意图。因此，本章研究羽流引起的月壤颗粒的扩散问题。

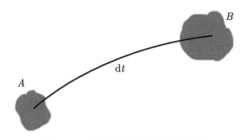

图 7-1　月壤颗粒团扩散示意图

本章提出两种方法研究月壤颗粒的扩散问题。7.1 节给出引入月壤颗粒扩散问题的原因，7.2 节是无能量损失与有能量损失的守恒方程离散元方法和结果分析，7.3 节是对流扩散方程有限差分法和结果分析，7.4 节是未考虑与考虑扩散问题计算方法的对比分析，7.5 节是本章小结。本章研究月壤颗粒由羽流场引起的扩散现象，探讨月壤颗粒扩散问题的影响机理和影响因素，为月球着陆器软着陆过程的设计及探测器敏感器件的保护提供合理参考数据。

7.1　引入月壤颗粒扩散问题的原因

20 世纪六七十年代，阿波罗登月着落过程的记录显示，月球表面风化松散的月尘和月壤对探测器的着落任务和宇航员的出舱活动提出了严峻的挑战 [1-4]。随后针对月尘和月壤的环境成因、环境效应以及地面模拟方法等开展了一些研究 [5-8]。但是，即使在阿波罗系列任务结束后，月尘污染问题依然是遗留的重要问题之一，迄今为止都未获得有效解决方法。近年来，我国成功实施了探月工程任务，在 "嫦娥" 计划之后，准备开展载人登月计划。"月尘污染" 问题依然是保障登月探测器与敏感设备稳定工作，保证宇航员舱外活动安全性的最关键问题之一，它甚至影响到航天器和航天员登月任务的成败与否。至今为止，其他关于羽流场引起的月壤颗粒扩散现象的研究未见报道 [9]。

本章提出两种方法研究月壤颗粒在羽流场作用下的扩散问题。第一种方法是守恒方程离散元方法，研究包括曳力、升力、重力、温度、能量等影响的月壤颗粒扩散的影响机理和影响因素。第二种方法是对流扩散方程有限差分法，研究瞬时状态下月壤颗粒在发动机羽流作用下扩散现象的影响机理和影响因素。最后，本章将两种方法的计算结果与阿波罗任务观测到的月壤颗粒喷射角度和数密度结果进行对比，验证本章计算方法的正确性与精确性 [9]。本章假设月壤颗粒的运动为非稠密颗粒运动，同时暂不考虑月壤颗粒的相互碰撞以及月壤颗粒与羽流场的双向耦合作用，月壤颗粒相互碰撞问题在第 6 章进行了研究，月壤颗粒与羽流场的双向耦合作用问题在第 8 章进行研究。

7.2　守恒方程离散元方法和结果分析

月球表面的高真空和低重力环境使得部分适用于地球环境的假设和方程不再成立。守恒方程具有广泛的适用性，本节假设月壤颗粒在羽流场中的运动满足质量守恒方程与能量守恒方程，提出守恒方程离散元方法研究月壤颗粒在羽流场中的扩散问题。守恒方程离散元方法既可以充分考虑月壤颗粒扩散问题中受到各种力 (曳力、升力、重力等) 的影响机理和影响因素，也可以探讨能量损失对月壤颗粒扩散问题的影响规律。

7.2.1　守恒方程离散元方法

本节提出守恒方程离散元方法研究月壤颗粒扩散现象 [9]。本节假设扩散过程中随着时间的改变，一个月壤颗粒团质量没有发生改变，密度逐渐由大变小，体积由小变大，如图 7-1 所示 [9]。即假设一个颗粒团在 A 点经过 $\mathrm{d}t$ 时间后到达 B 点，同一颗粒团在两个不同位置的质量满足质量守恒方程

$$\frac{\mathrm{d}m_0}{\mathrm{d}t} = \frac{\mathrm{d}}{\mathrm{d}t}\left(\iiint_V c\mathrm{d}V\right) = 0 \tag{7-1}$$

式中，m_0 为颗粒团质量，c 为颗粒团浓度，V 为颗粒团体积。

同理，假设扩散过程中外界传入系统的热量及外力对系统所做的功之和等于系统总能量的增加，即满足能量守恒方程

$$\oiint_A q\mathrm{d}A + \oiint_A \boldsymbol{p}_\mathrm{n}\cdot\boldsymbol{v}_\mathrm{p}\mathrm{d}A + \iiint_V \boldsymbol{f}_\mathrm{q}\cdot\boldsymbol{v}_\mathrm{p}c\mathrm{d}V + W - S = \frac{\mathrm{d}}{\mathrm{d}t}\left(\iiint_V c\left(b_\mathrm{e}+\frac{v_\mathrm{p}^2}{2}\right)\mathrm{d}V\right) \tag{7-2}$$

式中，$E = \iiint\limits_V c \left(b_{\mathrm{e}} + \dfrac{v_{\mathrm{p}}^2}{2} \right) \mathrm{d}V$ 为颗粒团内能与动能，$\oiint\limits_A q \mathrm{d}A$ 为单位时间内输

入的热量，$\oiint\limits_A \boldsymbol{p}_{\mathrm{n}} \cdot \boldsymbol{v}_{\mathrm{p}} \mathrm{d}A$ 为面积力功率，$\iiint\limits_V \boldsymbol{f}_{\mathrm{q}} \cdot \boldsymbol{v}_{\mathrm{p}} c \mathrm{d}V$ 为质量力功率，W 为输

入的其他形式的功率，S 为损耗功率。本节假设月壤颗粒不涉及电子的激发电离、化学反应和核反应等。面积力定义为作用在月壤颗粒外表面上与表面积大小成正比的力，也就是发动机羽流场作用于月壤颗粒表面上的力。根据月壤颗粒在羽流中的受力，将月壤颗粒受到羽流场作用的曳力和升力定义为表面力。质量力为羽流场作用在月壤颗粒质点上的力，其大小与月壤颗粒的质量或体积成正比。因此，将月壤颗粒在羽流场中受到的月表重力定义为质量力。本节假设颗粒团内能与动能的变化仅考虑颗粒团热能、势能以及动能的变化。同时，第 8 章宏观双向耦合方法的研究结果显示，月壤颗粒的温度在扩散前后没有明显变化 [10]，因此，本章假设月壤颗粒团扩散前后温度不产生变化。

一个颗粒团扩散的同时满足质量守恒方程和能量守恒方程，根据颗粒团扩散前后各个参数的改变 (图 7-2)，并假设月壤颗粒团所占空间为所在网格的大小。

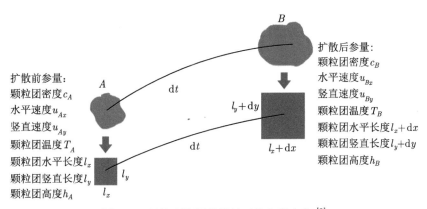

图 7-2   月壤颗粒团扩散前后的参数变化 [9]

联立求解质量守恒方程 (7-1) 和能量守恒方程 (7-2)，同时舍去不符合真实物理问题的解。那么，$\mathrm{d}t$ 时间内一个颗粒团水平方向的增量 $\mathrm{d}x$ 和竖直方向的增量 $\mathrm{d}y$ 的解为

$$
\begin{cases}
\mathrm{d}x = \dfrac{l_1 + l_2}{2 q_B u_{Ay}} \\[2mm]
\mathrm{d}y = \dfrac{l_1 + l_2}{2 q_B u_{Ax}}
\end{cases}
\tag{7-3}
$$

式中，$l_1 = -l_y q_B u_{Ax} - l_x q_B u_{Ay}$，

$$l_2 = \sqrt{\begin{aligned} &4q_B u_{Ay}\begin{pmatrix} l_x l_y q_A u_{Ax} - l_x l_y q_B u_{Ax} - m_0(a_{Ax}u_{Ax} + a_{Ay}u_{Ay})u_{Ax} \\ + m_0(a_{Bx}u_{Bx} + a_{By}u_{By})u_{Ax} + m_0(a_{pAx}u_{Ax} + a_{pAy}u_{Ay})u_{Ax} \\ -m_0(a_{pBx}u_{Bx}+a_{pBy}u_{By})u_{Ax} - gm_0 u_{Ax}(u_{Ay} - 2u_{By} + u_{Ax}) \end{pmatrix} \\ &+ (l_y q_B u_{Ax} + l_x q_B u_{Ay})^2 \end{aligned}}$$

q_A 和 q_B 为扩散前后单位时间单位面积颗粒流入热量，u_{Ax} 和 u_{Ay} 为扩散前水平方向和竖直方向的速度，u_{Bx} 和 u_{By} 为扩散后水平方向和竖直方向的速度，l_x 和 l_y 为颗粒团扩散前水平方向和竖直方向所占空间长度，a_{pAx} 和 a_{pAy} 为扩散前水平方向和竖直方向受到的面积力加速度，a_{pBx} 和 a_{pBy} 为扩散后水平方向和竖直方向受到的面积力加速度，g 为月球表面加速度，a_{Ax} 和 a_{Ay} 为月壤颗粒扩散前水平方向和竖直方向的和加速度，a_{Bx} 和 a_{By} 为月壤颗粒扩散后水平方向和竖直方向的和加速度，m_0 为颗粒团质量。

　　我们知道，月壤颗粒在羽流作用下发生扩散现象不可避免地存在能量损失。首先，月壤颗粒在羽流场作用下，羽流传递给月壤颗粒的能量存在损失。其次，在扩散过程中月壤颗粒克服内在黏附力等，月壤颗粒由大颗粒团向多个小颗粒团的扩散过程也存在能量损失。目前，针对能量损失的研究并没有一个合适的定量表述，主要存在三种定义方式[11,12]，从速度角度出发的 Netwon 恢复系数，从冲量角度出发的 Poisson 恢复系数以及从能量角度出发的 Stronge 恢复系数。基于本章的月壤颗粒在羽流场中的扩散问题是从宏观角度出发，考虑月壤颗粒所受到的曳力、升力和重力等作用，将本章中的恢复系数定义为能量恢复系数 e，即通过 e 描述整个扩散过程中各种可能的能量损失。此时。能量守恒方程 (7-2) 变为

$$e\left(\oiint_A q\mathrm{d}A + \oiint_A \boldsymbol{p}_n \cdot \boldsymbol{v}_p \mathrm{d}A + \iiint_V \boldsymbol{f} \cdot \boldsymbol{v}_p c\mathrm{d}V + W - S\right) = \frac{\mathrm{d}}{\mathrm{d}t}\left(\iiint_V c\left(b_e + \frac{\boldsymbol{v}_p^2}{2}\right)\mathrm{d}V\right)$$

$$(7\text{-}4)$$

其中，e 为能量恢复系数，表示扩散过程中产生的吸收能量的比例。同理，联立求解质量守恒方程 (7-1) 和有能量损失的能量守恒方程 (7-4)，则 $\mathrm{d}t$ 时间内考虑扩散能量损失的月壤颗粒水平方向增量 $\mathrm{d}x$ 和竖直方向增量 $\mathrm{d}y$ 的解为

$$\begin{cases} \mathrm{d}x = \dfrac{l_3 + l_4}{2eq_B u_{Ay}} \\ \mathrm{d}y = \dfrac{l_3 + l_4}{2eq_B u_{Ax}} \end{cases} \tag{7-5}$$

此时，$l_3 = e(-l_y q_B u_{Ax} - l_x q_B u_{Ay})$

$$l_4 = \sqrt{\begin{array}{c} 4eq_Bu_{Ay}\begin{pmatrix} el_xl_yq_Au_{Ax} - el_xl_yq_Bu_{Ax} \\ -m_0(a_{Ax}u_{Ax} + a_{Ay}u_{Ay})u_{Ax} \\ +m_0(a_{Bx}u_{Bx} + a_{By}u_{By})u_{Ax} \\ +em_0(a_{pAx}u_{Ax} + a_{pAy}u_{Ay})u_{Ax} \\ -em_0(a_{pBx}u_{Ax} + a_{pBy}u_{Ay})u_{Ax} \\ -gm_0u_{Ax}(eu_{Ax} + u_{Ay} - (1+e)u_{By}) \end{pmatrix} \\ +(el_yq_Bu_{Ax} + el_xq_Bu_{Ay})^2 \end{array}}$$

基于月壤颗粒与羽流相互作用的计算方法 [13,14]，采用方程 (7-3) 和方程 (7-5) 分别计算无能量损失和有能量损失情况下月壤颗粒扩散后的运动轨迹和空间分布，研究月壤颗粒在羽流场中扩散问题的影响机理和影响因素。

7.2.2 无能量损失的守恒方程离散元方法的计算结果

基于第 2 章月壤颗粒被羽流激喷射来的计算方法 [13]，采用本节方程 (7-3)，探讨无能量损失时守恒方程离散元方法的月壤颗粒扩散问题。本节计算程序采用 Fortran 语言编写，验证了计算程序的精确性和可靠性 [9]。

月壤颗粒扩散计算模型及网格划分如图 2-3 所示，计算区域月表土壤网格尺寸均为 0.01m×0.01m，羽流场网格划分如图 3-2 所示。与第 6 章一致，本章扩散问题计算模型的区域选择长度 15m× 高度 10m。根据第 4 章的分析结果，选取计算时间步长 $\Delta t = 10^{-4}$s。发动机喷口在距离月表 1.4m 时，月壤颗粒已经有了非常明显的喷射。为了显示方便，本章计算结果以 15m×1.4m 计算区域为例进行阐述。与第 6 章一致，本节选择 10μm、40μm、70μm 和 100μm 共 4 种直径的月壤颗粒为代表，选取的模拟月壤颗粒直径和颗粒质量分数见表 6-2。

无能量损失时 4 种直径月壤颗粒空间分布如图 7-3 所示。可以看出，不同直径月壤颗粒均呈现出喷射状分布。小直径月壤颗粒的空间分布更为均匀，喷射角度更低，并贴近月球表面运动，表现出了明显的扩散现象。大直径颗粒分布不太连续，在远场位置尤为明显，月壤颗粒喷射角度更大，月壤颗粒主要分布在喷射上表面，扩散现象不明显。直径 10μm 月壤颗粒在距离发动机喷口较远位置，月壤颗粒的喷射角度有明显的上升趋势，如图 7-3(a) 所示；直径 100μm 月壤颗粒的喷射角度最大，在远场处逐渐出现离散分布，在计算区域下表面的仅有少量颗粒分布，如图 7-3(d) 所示；直径 40μm 和直径 70μm 月壤颗粒的空间分布处于上述两者的中间。

无能量损失时 4 种直径月壤颗粒所占网格对比如图 7-4(a) 所示，所占网格百分比如表 7-1 所示。可以看出，4 种直径的月壤颗粒均发生了不同程度的扩散，小直径月壤颗粒扩散速度更快，月壤颗粒所占网格增加也越迅速，在较短时间内迅速达到稳定值；大直径月壤颗粒扩散发生相对较慢，月壤颗粒所占网格增加也较为平缓。例如，10μm 和 40μm 有着相近的扩散速度，约为 70μm 和 100μm 月壤颗粒扩散速度的 2.8 倍。同时，直径 10μm 和 40μm 的月壤颗粒在更短的时间内达到相对稳定的空间分布，直径 10μm 和 40μm 的月壤颗粒所占空间为 70μm 和 100μm 的 2.0 倍左右。相比较而言，大直径月壤颗粒的运动速度较慢，扩散现象也不甚明显。

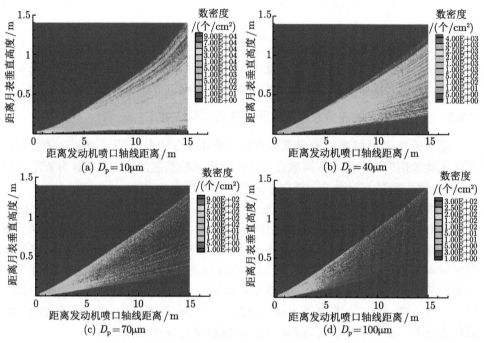

图 7-3　月壤颗粒空间分布 (无能量损失的守恒方程离散元方法，计算时间 $t = 0.04\text{s}$)

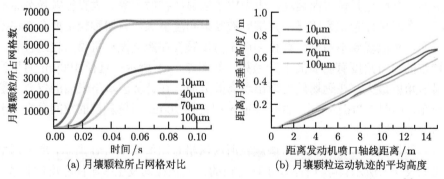

图 7-4　守恒方程离散元方法的月壤颗粒所占网格数和平均运动轨迹高度 [9]

表 7-1　无能量损失时 4 种直径颗粒扩散稳定所用时间及所占网格百分比

直径/μm	10	40	70	100
稳定所用时间/s	0.045	0.050	0.070	0.08
稳定时所占网格百分比/%	62.1	60.2	29.6	33.8

无能量损失时 4 种直径月壤颗粒运动轨迹的平均高度如图 7-4(b) 所示。可以看出，不同直径月壤的整体喷射高度随着颗粒直径的增加而增加，但是月壤颗粒的喷射高度有一定差别。直径 10μm 的月壤颗粒呈现出明显的扩散现象，在距离发动机喷口处的喷射高度较小，在距离发动机喷口较远处的喷射高度较大，与直径 70μm 的月壤颗粒相近，平均高度为 0.79m。此外，另外 3 种直径的月壤颗粒的运动高度随着颗粒直径的增加而增高，远场位置靠近月球表面空间几乎没有大直径月壤颗粒的分布。

7.2.3　有能量损失的守恒方程离散元方法的计算结果

通过无能量损失的守恒方程离散元方法的计算结果，可以发现无能量损失时小直径月壤颗粒出现了明显的扩散现象，大直径月壤颗粒的扩散现象不甚明显。直径 10μm 和 40μm 月壤颗粒的扩散现象表现得比较明显，月壤颗粒所占网格数甚至为 7.3 节中对流扩散方法的同种直径月壤颗粒所占网格数的 2 倍以上。我们知道，月壤颗粒在羽流作用下发生扩散现象不可避免地存在能量损失。因此，本节分析能量损失对直径 10μm 和直径 40μm 的月壤颗粒空间分布和颗粒所占网格数的影响因素。

基于第 2 章月壤颗粒被羽流激喷射来的计算方法 [13]，本节采用方程 (7-5) 研究考虑能量损失时守恒方程离散元方法的月壤颗粒扩散问题。本节计算程序采用 Fortran 语言编写，验证了计算程序的精确性和可靠性 [9]。本节扩散问题的计算模型、网格划分、计算区域、计算时间步长以及月壤颗粒直径等与 7.2.2 节一致。

有能量损失时，直径 10μm 和 40μm 的月壤颗粒在不同能量恢复系数 e 的空间分布如图 7-5 所示。从图 7-5(a) 和图 7-5(b) 可以看出，与未考虑能量损失相比，直径 10μm 的月壤颗粒在计算区域的上区域和下区域的分布明显减少；同时，整体喷射高度出现了下降，下降约 1.6°。从图 7-5(c) 和图 7-5(d) 可以看出，随着能量恢复系数 e 的减小，直径 40μm 的月壤颗粒的扩散现象明显减弱，空间分布显示出不均匀情况。

有能量损失时，月壤颗粒所占网格数如图 7-6 所示，所占网格百分比如表 7-2 所示。可以看出，考虑能量损失后月壤颗粒的扩散现象出现了一定的减弱，月壤颗粒所占空间减小。直径 40μm 的月壤颗粒所占空间随着能量恢复系数 e 的减小，表现出明显的线性减小规律，在 $e = 0.5$ 和 $e = 0.1$ 时颗粒所占网格数分别下降 32.5% 和 50.6%。但是，10μm 的月壤颗粒呈现的是非线性减弱趋势，在 $e = 0.5$

和 $e = 0.1$ 时月壤颗粒所占网格数分别下降 18.3% 和 25.6%。从两种直径颗粒所占网格数变化的趋势可以发现，随着能量损失的增加 (能量恢复系数的减小)，月壤颗粒的扩散现象逐渐减弱。小直径月壤颗粒更容易受到发动机羽流驱动的特点，使其仍然存在一定的扩散现象。相对而言，大直径颗粒本身的扩散现象不甚明显，能量损失的增加会进一步削弱其在羽流场中的扩散现象，直径 70μm 和 100μm 月壤颗粒在能量恢复系数 $e = 0.5$ 时基本没有出现扩散现象。

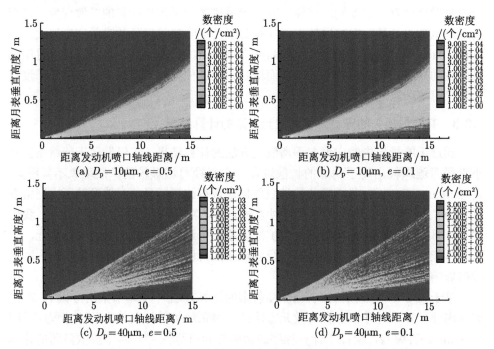

图 7-5　月壤颗粒空间分布 (有能量损失的守恒方程离散元方法，计算时间 $t = 0.04s$)

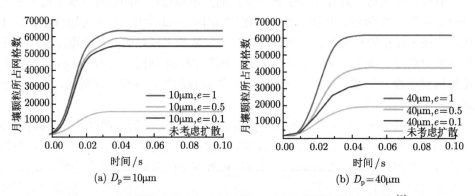

图 7-6　有能量损失的守恒方程离散元方法月壤颗粒所占网格数 [9]

表 7-2 有能量损失的不同直径颗粒扩散稳定后所占网格比

直径/μm	稳定时所占网格百分比/%($e = 0.5$)	稳定时所占网格百分比/%($e = 0.1$)
10	50.4	45.9
40	40.6	30.9
70	22.1	20.9
100	22.4	22.4

7.3 对流扩散方程有限差分方法和结果分析

7.2 节采用守恒方程离散元方法的计算结果显示月壤颗粒团存在明显的扩散现象。本节采用对流扩散方程有限差分法进一步研究扩散问题。

7.3.1 对流扩散方程有限差分法

本节提出对流扩散方程有限差分法研究扩散问题, 分析月壤颗粒与羽流相互作用的瞬态扩散过程[9]。扩散计算模型仍采用图 2-3 的计算模型, 本节中对流扩散方程有限差分法假设如下:

(1) 一个单元内月壤颗粒团所占的空间为当前颗粒团所在的网格面积;

(2) 扩散系数为常数, 且各个方向的扩散系数相同, 即 $D_x = D_y = D_{xy}$。

假设月壤在扩散过程中满足对流扩散方程

$$\frac{\partial c}{\partial t} = -\nabla \cdot (-D_{xy}\nabla c) - \boldsymbol{u} \cdot \nabla c \tag{7-6}$$

式中, c 为月壤颗粒的浓度, t 为月壤颗粒的运动时间, D 为扩散系数 (假设水平方向与竖直方向具有相同的扩散系数), $\boldsymbol{u}$ 为羽流场气体的运动速度, 经过图 2-3 所示的轴对称坐标系变换和化简, 方程 (7-6) 化简为

$$\frac{\partial c}{\partial t} + u_{gx}\frac{\partial c}{\partial x} + u_{gy}\frac{\partial c}{\partial y} = D\left(\frac{\partial^2 c}{\partial x^2} + \frac{1}{x}\frac{\partial c}{\partial x} + \frac{\partial^2 c}{\partial y^2}\right) \tag{7-7}$$

式中, x 为距离发动机喷口的水平距离, y 为距离月表的竖直距离, u_{gx} 和 u_{gy} 为羽流场水平方向和竖直方向的速度。

对流扩散方程 (7-7) 的时间偏导数采用向前差分, 空间偏导数采用中心差分, 可以得到对流扩散方程显式差分方程[9]

$$\frac{c_{i,j}^{k+1} - c_{i,j}^k}{\Delta t} + \left((u_x)_{i,j}\frac{c_{i+1,j}^k - c_{i-1,j}^k}{2\Delta x} + (u_y)_{i,j}\frac{c_{i,j+1}^k - c_{i,j-1}^k}{2\Delta y}\right)$$

$$= D\left(\frac{c_{i+1,j}^k - 2c_{i,j}^k + c_{i-1,j}^k}{\Delta x^2} + \frac{1}{x}\frac{c_{i+1,j}^k - c_{i,j}^k}{\Delta x} + \frac{c_{i,j+1}^k - 2c_{i,j}^k + c_{i,j-1}^k}{\Delta y^2}\right)$$

$$+ O(\Delta x^f, \Delta y^f, \Delta t^f) \tag{7-8}$$

式中，$c_{i,j}^k$ 代表计算网格内第 i 列第 j 行的单元网格在第 k 个时间步时的瞬时浓度值。$(u_x)_{i,j}$ 和 $(u_y)_{i,j}$ 代表计算网格内第 i 列第 j 行的单元网格羽流场水平方向和竖直方向的速度。研究发现，距离发动机喷口轴线距离 0～0.3m 处几乎没有颗粒分布，因此，本节计算假设 $x > 0$。同时，边界条件假设 $c_{i,j}^k = c_{-i,j}^k$（除 $y \leqslant 0$ 外），初始条件假设 $c_{i,j}^0 = c_0$。

方程 (7-8) 为显式中心差分格式，时间偏导数选取一阶精度，截断误差为 $O(\Delta t)$；空间偏导数选取二阶精度，截断误差为 $O((\Delta x)^2, (\Delta y)^2)$。稳定性条件满足 $\Delta t \leqslant \dfrac{1}{2} \left(\dfrac{\Delta x^2}{2D + u_x \Delta x} + \dfrac{\Delta y^2}{2D + u_y \Delta y} \right)$，即通过合理的参数选择，保证对流扩散方程有限差分解满足稳定性条件。

本节采用的对流扩散方程有限差分方法，扩散系数定义为单位浓度梯度作用下颗粒的扩散传质速度，单位为 m^2/s 或者 cm^2/s，它是描述月壤颗粒扩散过程的重要物理量。目前，扩散系数的确定主要依靠试验测量和半经验半理论公式推导，没有成熟的理论或者准确的计算。半经验半理论方法主要有两种：一种是通过求解玻尔兹曼微分积分方程计算扩散系数 [15]，另一种是速度相关函数积分的 Green-Kubo 法或平均位移微分的 Einstein 方法 [16]。一般情况下，气体中的扩散系数量级约为 $10^{-5}m^2/s$，液体和固体中扩散系数会逐渐降低为 $10^{-9}m^2/s$，并且受到温度、压强等参数的明显影响。月球探测器发动机的羽流场比较复杂，更加难以准确估算扩散系数。在平面流动问题中发现扩散系数对颗粒的扩散现象有着明显的影响 [9]。当月壤颗粒的扩散系数选取 $10^{-10}m^2/s$ 时，月壤颗粒没有扩散现象，当月壤颗粒扩散系数选取为 $10^{-9}m^2/s$ 时，可以看到月壤颗粒的扩散现象。在历次阿波罗任务的着陆视频中可以发现月壤颗粒存在明显的扩散运动。因此，本章扩散系数选取 $10^{-9}m^2/s$ 进行月壤颗粒扩散问题的研究。

7.3.2   对流扩散方程有限差分法的计算结果

基于第 2 章月壤颗粒被羽流激喷射来的计算方法 [13]，同时采用本节方程 (7-8)，研究对流扩散方程有限差分法的月壤颗粒扩散问题。本节计算程序采用 Fortran 语言编写，验证了计算程序的精确性和可靠性 [9]。本节扩散问题的计算模型、网格划分、计算区域、计算时间步长以及月壤颗粒直径等与 7.2.2 节一致，扩散系数选取 $10^{-9}m^2/s$。

对流扩散方程有限差分方法的 4 种不同直径月壤颗粒空间分布如图 7-7 所示。通过图 7-7 可以看出，直径越小，月壤颗粒的空间整体分布越均匀，喷射角度越小，沿月球表面运动的趋势也越明显；在靠近月球表面处有大量的颗粒分布，并呈现出明显的连续性，如图 7-7(a) 所示。大直径月壤颗粒分布呈现一定的不连续性，喷射角度较大，喷射的上边界颗粒分布较多，在远场位置距离月表 0.5m 以内的空间几乎没有颗粒分布，如图 7-7(d) 所示。对流扩散方程有限差分方法的整体分布与守恒方程离散元方法得到的结果基本一致。

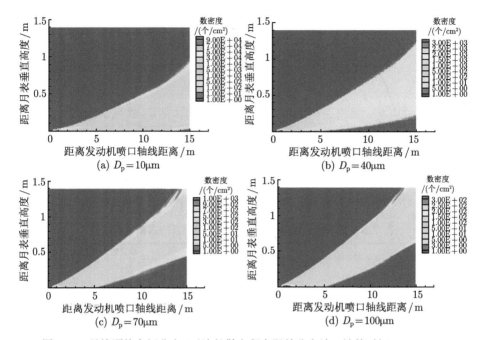

图 7-7 月壤颗粒空间分布 (对流扩散方程有限差分方法，计算时间 $t = 0.04\text{s}$)

对流扩散方程有限差分方法的 4 种不同直径月壤颗粒所占网格对比如图 7-8(a) 所示，所占网格百分比如表 7-3 所示。可以看出，小直径月壤颗粒在较早的时间就出现了明显的扩散现象，颗粒所占网格数增加更加迅速，在较短的时间内达到稳定。大直径颗粒虽也表现出扩散现象，但所占空间增加相对缓慢，达到运动稳定所用时间较长。直径 10μm 和 40μm 的月壤颗粒在运动初期就出现了明显的扩散现象，扩散速度约为另外两种直径月壤颗粒扩散速度的 2.13 倍。直径 10μm 和 40μm 的月壤颗粒所占网格数在 0.037s 和 0.055s 时达到最大值，另外两种大直径的月壤颗粒所占网格分别在 0.070s 和 0.079s 时达到最大值。当颗粒空间分布稳定时，直径 40μm 月壤颗粒所占网格数和空间百分比最大，直径 10μm 月壤颗粒所占网格数和空间百分比最小，这是由于小直径月壤颗粒主要沿月表分布，造成所占空间较小，但扩散问题表现得最为明显。

4 种不同直径月壤颗粒运动轨迹的平均高度如图 7-8(b) 所示。可以看出，不同直径月壤颗粒均呈现向上运动趋势，但是不同直径月壤颗粒的喷射高度明显不同。直径越小的月壤颗粒，喷射角度越小，沿月球表面运动现象越明显；直径越大的月壤颗粒，喷射角度越大，向上喷射运动越明显。例如，直径 100μm 的月壤颗粒靠近月表 0.5m 以下基本没有颗粒分布，整体均呈现向上的运动轨迹；而直径越小的月壤颗粒喷射角度越低，直径 10μm 的月壤颗粒有着明显的沿着月表运动的趋势。

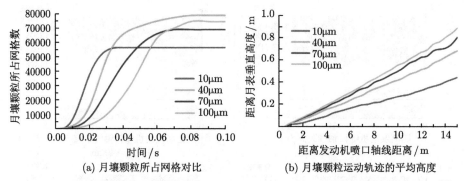

(a) 月壤颗粒所占网格对比   (b) 月壤颗粒运动轨迹的平均高度

图 7-8   对流扩散方程有限差分法的月壤颗粒所占网格数和运动轨迹高度计算结果 [9]

表 7-3   不同直径颗粒扩散稳定所用时间及所占网格百分比

直径/μm	稳定所用时间/s	稳定时所占网格百分比/%
10	0.037	53.9
40	0.055	76.2
70	0.070	65.5
100	0.079	71.5

7.4   未考虑与考虑扩散问题计算方法的对比分析

本章采用两种不同方法研究了羽流场作用下月球表面月壤颗粒的扩散问题。守恒方程离散元方法可以分析颗粒各种受力的影响因素，对流扩散方程有限差分方法可以探讨羽流对颗粒扩散问题的影响机理。结果表明，不同方法得到的相同直径月壤颗粒的扩散现象的趋势和规律基本相同。

为对比方便，本节引入扩散率 κ，即定义为考虑扩散和未考虑扩散的月壤颗粒所占网格数之比 [18]

$$扩散率\ \kappa = \frac{考虑扩散后颗粒所占网格数}{未考虑扩散颗粒所占网格数}(相同颗粒尺寸和相同时间点) \qquad (7\text{-}9)$$

图 7-9 为两种方法的月壤颗粒扩散率对比图。通过图 7-9 可以看出，考虑扩散的影响后不同直径月壤颗粒扩散率呈现不同程度的增加，表示月壤颗粒所占空间更广，分布更连续。守恒方程离散元方法得到的计算结果如图 7-9(a) 所示。通过图 7-9(a) 可以看出，直径越小的月壤颗粒扩散率的峰值出现得越早，月壤颗粒所占空间增加得更快；随着月壤颗粒的不断扩散展开，扩散率开始有所下降。当

月壤颗粒运动达到稳定时，直径 10μm 和 40μm 的月壤颗粒扩散现象表现得尤为明显，所占网格数为未考虑扩散时的 4.5 倍和 3.6 倍；而 70μm 和 100μm 的月壤颗粒扩散现象此时依然不甚明显。考虑能量损失时守恒方程离散元方法的计算结果如图 7-9 (b) 和图 7-9 (c) 所示，可以看出，4 种直径月壤颗粒的扩散现象均出现了减弱，直径越大的月壤颗粒，减弱表现得越为明显。当 $e = 0.5$ 时，直径 10μm 月壤颗粒的扩散率由 4.5 减小到 3.6，直径 40μm 月壤颗粒的扩散率由 3.5 减小到 2.4，直径 70μm 和 100μm 月壤颗粒基本没有出现扩散现象。当 $e = 0.1$ 时，直径 10μm 月壤颗粒的扩散率为 3.4，直径 40μm 月壤颗粒的扩散率仅为 1.8。由此可见，能量损失对大直径月壤颗粒的扩散现象影响更为明显，小直径月壤颗粒更容易受到羽流的驱动，在羽流场中有着较快的运动速度，整体扩散现象表现得更为明显。对流扩散方程有限差分法的计算结果如图 7-9 (d) 所示，可以看出，小直径月壤颗粒更容易受到羽流的驱动作用，直径 10μm 和 40μm 出现了明显的扩散现象，分别是未考虑扩散的 3.9 倍和 4.3 倍。总之，直径 10μm 月壤颗粒扩散最为明显，扩散率最大值达到 4.9，而直径 70μm 和 100μm 的月壤颗粒扩散现象不甚明显，直径 40μm 月壤颗粒扩散介于两者中间。综上所述，月壤颗粒受到的

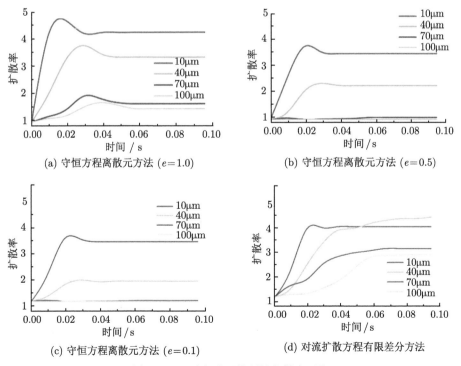

图 7-9　两种方法月壤颗粒扩散率对比

羽流场曳力和升力作用会进一步促进颗粒的扩散，同时，小直径月壤更容易受到羽流的驱动，使得直径越小的月壤颗粒整体扩散现象表现明显，而扩散运动中的能量损失会使得月壤颗粒发生扩散的现象有所减弱。

　　两种计算方法得到的月壤颗粒喷射角度与高度变化如图 7-10 所示。首先，比较两种方法中不同直径月壤颗粒喷射角度的变化。月壤颗粒与羽流相互作用的初期，受到羽流场的曳力和升力作用，小直径月壤颗粒具有较高的水平加速度，沿着月球表面运动趋势明显；大直径月壤颗粒相对向上运动，运动较为稳定。由于不同直径月壤颗粒受到的曳力和升力不同，所以直径越小的月壤颗粒，喷射角度越小，沿月球表面运动现象越明显；直径越大的月壤颗粒，喷射角度越大，向上喷射运动现象越明显。进一步，比较两种不同方法得到相同直径月壤颗粒喷射的角度变化。守恒方程离散元方法的计算结果如图 7-10 (a) 所示，可以看出，直径 10μm 月壤颗粒更容易受到影响，部分直径 10μm 月壤颗粒在扩散运动中移动到高速流场区域，运动轨迹发生明显改变，最大喷射角度约增加 1.6°，其他三种直径月壤颗粒喷射角度缓慢增加，整体最大喷射角度在 4.1°∼5.1°。对流扩散方程有限差分法的计算结果如图 7-10 (b) 所示，可以看出，在初始阶段月壤颗粒受到羽

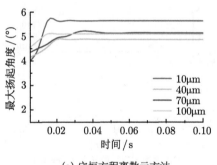

(a) 守恒方程离散元方法

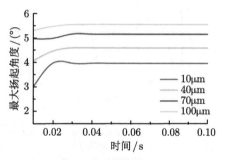

(b) 对流扩散方程有限差分法

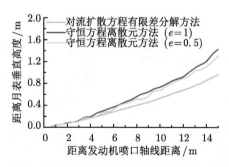

(c) 10μm 月壤颗粒两种计算方法的竖向高度对比

图 7-10　两种计算方法月壤颗粒喷射角度与高度变化

流场的曳力和升力不同，使得月壤颗粒运动的最大喷射角度略有变化，但整体运动比较稳定，整体最大喷射角度在 $4.0° \sim 5.5°$。

进一步，比较 10μm 月壤颗粒的不同方法计算结果，如图 7-10 (c) 所示。可以看出，守恒方程离散元方法得到的月壤颗粒喷射角度最高，考虑能量恢复系数 $e = 0.5$ 时，距离发动机喷口 15m 处的最大喷射高度从 1.43m 下降到 1.30m。这是扩散运动中的能量损失使得颗粒扩散趋势减弱，向高速流场运动的颗粒减少，喷射角度下降。同时可以看出，对流扩散方程的有限差分方法得到的月壤颗粒喷射高度最低，仅为 0.92m。综上所述，月壤颗粒在运动过程中受到羽流曳力和升力的影响，促进月壤颗粒团发生扩散作用，而随着能量损失的减小，扩散作用减弱，最大喷射角度略有下降。

Morris[14] 等的结果表明小直径颗粒更容易被发动机羽流驱动，使得颗粒分布更广泛，随着颗粒直径的增加，场中颗粒的分布范围减小，当颗粒运动到计算区域边缘时，颗粒分布变得更稀疏，并且空间分布逐渐趋于稳定。本章研究也证实了这一规律，小直径月壤颗粒更容易被羽流驱动，发生明显的扩散问题，使得颗粒分布更广泛，随着月壤颗粒直径的增加，场中月壤颗粒的分布范围随之减小。直径 10μm 的月壤颗粒的扩散率最大，甚至达到 4.5 左右，直径 40μm 月壤颗粒的扩散率也可以达到 3.5，而 70μm 和 100μm 月壤颗粒的扩散问题不甚明显。结果表明，小直径月壤颗粒虽然容易被羽流驱动，但在其运动过程中，颗粒的扩散问题仍对颗粒的空间分布有着决定性的影响，而大颗粒的扩散问题不明显，颗粒受到羽流场的作用大于本身扩散的影响。

7.5 本 章 小 结

本章提出两种方法研究了发动机羽流作用下月壤颗粒的扩散现象。守恒方程离散元方法研究了无能量损失和有能量损失时月壤颗粒扩散问题的影响机理和影响因素，对流扩散方程有限差分法研究了瞬时状态下月壤颗粒扩散问题的影响机理和影响因素。守恒方程离散元方法既可以考虑颗粒受力 (包括曳力、升力、重力、温度、能量等) 影响因素，也可以考虑各种能量损失的影响机理，计算结果与真实着陆图片更吻合 (见第 9 章)。本章研究结果印证了扩散问题是研究月壤颗粒与羽流相互作用不能忽略的重要影响因素之一。

月壤颗粒的扩散问题对月壤颗粒的运动轨迹及空间分布有着明显的影响。结果表明月壤颗粒的扩散问题主要受羽流场的驱动，小直径颗粒在羽流场曳力和升力作用下具有较高的加速度，扩散时间更早，扩散速度更快。考虑扩散问题后，直径 10μm 和 40μm 月壤颗粒的扩散速度为未考虑扩散的 3.6~4.5 倍。同时，小直径月壤颗粒所占空间增加明显，10μm 月壤颗粒考虑扩散后空间分布达到未考虑扩散时的 1.9~4.5 倍，40μm 月壤颗粒考虑扩散后空间分布达到未考虑扩散时的 1.4~4.3 倍；70μm 和 100μm 月壤颗粒最大的扩散率也可以分别达到 3.0 和 2.5。部分直径 10μm 的月壤颗粒在受到羽流作用下运动到高速流场区域，使其最大喷射角度增加 $1.0° \sim 1.6°$，喷射角度与着陆器着陆时的观测数据更加接近；另外三种直径月壤颗粒的喷射角度没有明显变化。此外，大直径颗粒在羽流场中扩散运动相对稳定。

扩散过程中能量损失引起月壤颗粒受到曳力和升力的作用减小，导致月壤颗粒的加速度减小，整体扩散速度降低，所占空间分布减少，喷射角度下降。能量损失越大时，能量传递越少，扩散现象减弱得越明显。例如，当能量恢复系数 $e = 0.5$ 时，与未考虑能量损失相比，直径 10μm 和 40μm 的月壤颗粒扩散速度分别降低 9.4% 和 32.1%，颗粒所占网格数分别降低 18.3% 和 32.5%；10μm 月壤颗粒平均喷射角度下降 18.8%，40μm 月壤颗粒平均喷射角度变化不明显。当能量恢复系数 $e = 0.1$ 时，与未考虑能量损失相比，直径 10μm 和 40μm 的月壤颗粒扩散速度分别降低 10.2% 和 50.6%，颗粒所占网格数分别降低 25.6% 和 48.5%；10μm 月壤颗粒平均喷射角度下降 21.8%，直径 40μm 月壤颗粒平均喷射角度变化不明显。值得注意的是，考虑能量损失后，直径 70μm 和 100μm 的月壤颗粒基本没有发现明显的扩散现象。

参 考 文 献

[1] Fu X, Wang C, Dai S. Real time simulation for lunar dust blown by engine exhaust plume[J]. Journal of Beijing University of Aeronautics and A, 2012,38(8): 1096-1100.

[2] Gaier J R. The effects of lunar dust on EVA systems during the Apollo missions[R]. NASA/TM-2005-213610. Cleveland: NASA Glenn Research Cente, 2005.

[3] Grant H, David T V, Bevan M F. Lunar Sourcebook-A user's Guide to the moon[M]. Cambridge: Cambridge University Press, 1991.

[4] 欧阳自远. 月球科学概论 [M]. 北京: 中国宇航出版社, 2005.

[5] Calle C I, Buhler C R, McFall J L, et al. Particle removal by electrostatic and dielectrophoretic forces for dust control during lunar exploration missions[J]. Journal of Electrostatics, 2009, 67(2): 89-92.

[6] Mazumder M K，Sharma R，Biris A S, et al. Electrostatic and gravitational transport of lunar dust in the airless atmosphere of the moon[J]. Systematics & Biodiversity, 2008, 6(2): 293-303.

[7] Walton O R. Adhesion of Lunar Dust[R]. NASA/CR-2007-214685, 2007.

[8] Shi X, Huang Y, Wang Y. Study on the simulation strategy of lunar dust/regolith environment[J]. Chinese Journal of Space Science, 2007, 27(1): 66-71.

[9] Bo Z, Feng Y. Ren D, et al. Diffusion phenomenon of lunar soil particles under a plume in a vacuum environment by numerical simulation[J]. Acta Astronautica, 2020, 158: 403-414.

[10] Li Y, Ren D, Bo Z, et al. Gas-particle two-way coupled method for simulating the interaction between a rocket plume and lunar dust[J]. Acta Astronautica, 2019, 157: 123-133.

[11] Stronge W J. Impact Mechanics[M]. Cambridge: Cambridge University Press, 2004.

[12] 刘才山, 马道林. 碰撞恢复系数的物理意义及其表征 [C]. 第十五届全国非线性振动暨第十二届全国非线性动力学和运动稳定性学术会议摘要集, 2015.

[13] 耿动梁, 任德鹏, 叶青, 等. 羽流场与月壤颗粒相互作用的一种新计算方法 [J]. 宇航学报. 2014, 35(8): 884-892.

[14] Morris A B, Goldstein D B, Varghese P L, et al.Approach for modeling rocket plume impingement and dust dispersal on the Moon[J]. Journal of Spacecraft and Rockets, 2015, 52(2): 362-374.

[15] Chapman S, Cowling T G. The mathematical theory of non-uniform gases[J]. American Journal of Physics, 1958, 30(1): 56-81.

[16] Zwanzig R. Time-correlation functions and transport coefficients in statistical mechanics[J]. Annual Review of Physical Chemistry, 1965, 16(1): 67-102.

[17] He N, Wu Z, Zheng W. Simulation of an improved Gaussian Model for hazardous gas diffusion[J]. Journal of Basic ence and Engineering, 2010, 18(4): 571-580.

[18] 薄志刚. 真空环境下羽流场中月壤颗粒扩散问题和碰撞问题的数值研究 [D]. 天津: 天津大学, 2021.

第 8 章 月壤颗粒与发动机羽流的双向耦合问题

20 世纪六七十年代，阿波罗探测器着陆过程中拍摄的影像资料发现，被喷射的月壤颗粒分布范围可观，这些喷射的月壤颗粒对着陆器和敏感仪器的能见度产生了很大的影响 [1-3]。月壤颗粒在羽流场中的加速运动，消耗了羽流的动量和能量，抑制并阻碍了气体分子的运动，对整个羽流场产生了一定的影响，进而又对月壤颗粒的加速效果产生了影响。有研究表明，月壤颗粒对气体的反作用，使远场处颗粒速度降低了将近 30% [4]。因此，月壤颗粒对羽流的反作用是不能忽视的。因此，本章研究月壤颗粒与羽流的相互作用双向耦合问题。

本章提出两种方法研究月壤颗粒与发动机羽流的双向耦合问题，双向耦合方法示意图如图 8-1 所示。8.1 节是引入月壤颗粒与发动机羽流双向耦合问题的原因，8.2 节是宏观双向耦合方法，8.3 节是微观双向耦合方法，8.4 节是宏观双向耦合和微观双向耦合方法的对比分析，8.5 节是与其他双向耦合方法的对比分析，8.6 节是本章小结。通过本章研究月壤颗粒与羽流的相互作用的双向耦合问题，考虑了月壤颗粒对羽流场的反作用，可以更加真实地了解月壤颗粒双向耦合现象的影响机理和影响因素，为月球着陆器软着陆过程的设计及探测器敏感器件的保护提供合理参考数据。

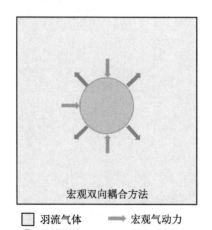

(a) 宏观双向耦合方法

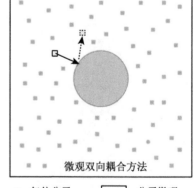

(b) 微观双向耦合方法

图 8-1 双向耦合方法示意图

8.1 引入月壤颗粒与发动机羽流双向耦合问题的原因

月球着陆器在接近月表进行软着陆的过程中,发动机喷出的高速、高温和高密度羽流冲击月表,导致疏松风化的月壤遭到破坏,并且大量月壤颗粒被喷射到空中 [1,2]。该问题早在 20 世纪 60 年代的阿波罗探测月球时期就已开展研究。据阿波罗任务执行着陆过程拍摄的影像资料观测,喷射颗粒分布范围比较大,颗粒浓度可观,喷射的月壤颗粒对能见度产生了很大的影响 [3]。大量月壤颗粒在羽流场中的加速运动消耗了羽流的动量和能量,抑制了气体分子的运动,使流体边界层变厚,流速局部降低,对于整个羽流场有较大的影响;进一步又对月壤颗粒的加速效果产生了影响,这就是月壤颗粒与发动机羽流双向耦合问题。有研究表明,颗粒对气体的反作用的引入,使远场处颗粒速度降低了将近 30%,因此,月壤颗粒对羽流的反作用是不能忽视的问题 [4]。

本章提出两种方法研究月壤颗粒与发动机羽流双向耦合问题,一种是宏观双向耦合方法,另一种是微观双向耦合方法。宏观双向耦合方法是指考虑月壤颗粒受宏观羽流场作用,根据羽流受到月壤颗粒的反作用,研究基于动量守恒方程和能量守恒方程的方法。微观双向耦合方法是指考虑月壤颗粒受到基于微观层面粒子运动的作用力与热传递,考虑气体分子在颗粒表面碰撞过程,研究羽流受到的反作用的方法。双向耦合方法示意图如图 8-1 所示。本章假设月壤颗粒的运动为非稠密颗粒运动,同时暂不考虑月壤颗粒的相互碰撞以及月壤颗粒扩散问题,月壤颗粒相互碰撞问题在第 6 章进行了研究,月壤颗粒扩散问题在第 7 章进行了研究。

8.2 宏观双向耦合方法

宏观双向耦合方法是从宏观角度分析月壤颗粒与羽流的相互作用,即月壤颗粒的速度和温度改变是由羽流场对喷射月壤颗粒的作用 (羽流场的宏观气动力和宏观热传递) 引起的;同时,羽流场的宏观速度和宏观温度也将随着月壤颗粒的速度和温度的改变而改变。因此,根据动量守恒方程和能量守恒方程,羽流场损失的动量和能量传递给月壤颗粒的动量与能量。这里,羽流场的宏观速度是气体分子的平均速度,羽流场的宏观温度是气体分子热运动速度和内能的度量。即通过本章月壤颗粒对羽流场的反作用,实现月壤颗粒与羽流场的宏观双向耦合研究。

8.2.1 羽流场对月壤颗粒的作用力和热传递

第 5 章给出了月壤颗粒的受力分析,本节月壤颗粒受羽流场的气动力主要考虑修正后的 Stokes 曳力 (公式 (5-2) 和公式 (5-3))、升力 (公式 (5-7)) 和月表重

力 (公式 (5-10)) 作用,并通过牛顿第二定律分析月壤颗粒的运动规律。

　　真空环境下月壤颗粒与发动机高温羽流气体间存在较大的温差,它们之间存在一定的热量传递,并且主要以对流传热为主 [5],需要考虑月壤颗粒受羽流场的宏观热传递。假设单位时间羽流通过颗粒表面传递的热量为

$$\dot{Q} = Nu\pi D_{\mathrm{p}}k_{\mathrm{g}}(T_{\mathrm{g}} - T_{\mathrm{p}}) \tag{8-1}$$

式中,Nu 是 Nusselt 数,k_{g} 为气相热传导系数,T_{p} 为颗粒温度,T_{g} 为月壤颗粒在羽流场位置的气体温度。同时,由于实际问题中流体较为稀薄,颗粒与气体分子之间的相互作用减弱,两相之间的对流传热也相应会减少。因此,考虑稀薄效应进行修正后的 Nu 数为

$$Nu = \frac{Nu_0}{1 + 3.42\dfrac{M_{\mathrm{r}}}{R_{\mathrm{ep}}Pr}Nu_0}, \quad Nu_0 = 0.2 + 0.6Pr^{1/3}R_{\mathrm{ep}}^{1/2} \tag{8-2}$$

其中 M_{r} 为相对马赫数,R_{ep} 为颗粒相对雷诺数,Pr 为普朗特数。通过热力学第一定律得到月壤颗粒的温度变化。

8.2.2　月壤颗粒对羽流场的反作用

　　在羽流场作用下月壤颗粒被喷射,其速度和温度都发生改变。同时,羽流场损失的动量和能量也导致了羽流场宏观速度和宏观温度发生变化。这里,羽流场的宏观速度是指气体分子的平均速度,羽流场的宏观温度是指气体分子热运动速度和内能的度量。根据动量守恒方程和能量守恒方程,假设月壤颗粒的动量与热量变化量即是羽流损失的动量和能量。基于此,月壤颗粒对气体分子的反作用计算方法描述如下。

　　在每个时间步,以网格为单位统计网格中月壤颗粒受到来自羽流的作用力和热量,得到该网格内羽流所受到的两相之间的作用力和热量改变。动量传递使网格内气体分子平均速度发生改变,不改变气体分子的热运动速度,由动量守恒方程得到该网格内气体分子平均速度变化量

$$\Delta\bar{\boldsymbol{u}} = \bar{\boldsymbol{u}} - \bar{\boldsymbol{u}}_0 = \frac{\boldsymbol{F}_{\mathrm{p}}\Delta t}{F_{\mathrm{num}}m_{\mathrm{g}}N_{\mathrm{g}}} \tag{8-3}$$

$$\boldsymbol{F}_{\mathrm{p}}\Delta t = F_{\mathrm{num}}m_{\mathrm{g}}\sum_{i=1}^{N_{\mathrm{g}}}(\boldsymbol{u}_i - \boldsymbol{u}_{i0}) \tag{8-4}$$

式中,F_{num} 为气体分子代表数,m_{g} 为气体分子质量,N_{g} 为网格模拟分子个数,$\boldsymbol{u}_{i0}$、$\boldsymbol{u}_i$ 分别是耦合前后的模拟分子速度,$\bar{\boldsymbol{u}}_0$、$\bar{\boldsymbol{u}}$ 分别为耦合前后的气体平均速度,$\boldsymbol{F}_{\mathrm{p}}$ 为颗粒受到的合力。

热量传递改变了气体的温度，即改变了气体分子的平动温度、转动温度和振动温度。平动温度是气体分子热运动的度量，转动温度和振动温度是内能的度量。所以，热量传递改变了气体分子的热运动速度和内能，不改变气体分子的平均速度。假设忽略分子内的振动，只考虑分子的转动。由能量守恒方程及能量均分定理，得到相应的平动能改变量 ΔE_{tr} 和内能改变量 ΔE_{rot} 为

$$\Delta E_{tr} = \frac{3}{3+\zeta}\Delta E, \quad \Delta E_{rot} = \frac{\zeta}{3+\zeta}\Delta E \tag{8-5}$$

对于气体分子的内能变化，当 $\Delta E_{rot} > 0$ 时，平均分给每个气体分子，即 $e_{rot} = e_{rot}^0 + \frac{E_{rot}}{N_g}$；当 $\Delta E_{rot} < 0$ 时，假设每个分子内能在网格总内能中所占比例加权分配到相应的分子中，即 $e_{rot} = e_{rot}^0 + \frac{e_{rot}^0}{E_{rot}^0}\frac{E_{rot}}{N_g}$。式中，$\zeta$ 为内自由度，e_{rot}^0、e_{rot} 分别为单个分子在耦合前、耦合后的内能，E_{rot}^0 为耦合前网格的内能之和。

气体分子热运动速度的变化是由平动能的变化决定的，即气体分子的热运动速度是可以变化的。但是，热传递并不改变气体分子的平均速度，即热运动速度的平均值为 0。即

$$F_{num}\sum_{i=1}^{N_g}\frac{1}{2}m_g\left(\boldsymbol{u}_i'^2 - \boldsymbol{u}_{i0}'^2\right)\cdot\omega_i = \frac{1}{2}\Delta E_{tr}$$

$$F_{num}\sum_{i=1}^{N_g}m_g\left(\boldsymbol{u}_i' - \boldsymbol{u}_{i0}'\right)\cdot\omega_i = 0 \tag{8-6}$$

式中，$\boldsymbol{u}_i'$ 和 $\boldsymbol{u}_{i0}'$ 分别为耦合前、耦合后模拟分子的热运动速度，ω_i 为轴对称流场权数。

为满足气体分子平均热运动速度为 0 的条件，同时，避免个别气体分子平动能在计算过程中出现负值的不合理现象。本章提出比例加权法计算热运动速度改变量分配，而不是随机平均分配 [6,7]。比例加权法计算热运动速度改变量分配方法分析如下。

假定单元中气体分子热运动速度总的正向增量为 $\Delta\boldsymbol{u}'$（负向增量即为 $-\Delta\boldsymbol{u}'$），即自动满足流场网格平均速度不变。当流场温度高于月壤颗粒温度时，N_g 个模拟分子的热运动速度模值按照在相同方向速度加权地减小，反之则增大，则有方程

$$\frac{1}{2}m_g\sum_{i=1}^{N_g}\left\{\left[\left(\boldsymbol{u}_{i0}' \mp \frac{\boldsymbol{u}_{i0}'}{\sum\limits_j\left(\boldsymbol{u}_{j0}'^+\cdot\omega_j\right)}\Delta\boldsymbol{u}'\right)^2 - \boldsymbol{u}_{i0}'^2\right]\cdot\omega_i\right\} = \frac{\Delta E_{tr}}{2F_{num}} \tag{8-7}$$

将方程 (8-7) 展开，得到一个以 $\Delta u'$ 为自变量的一元二次方程

$$\mp \frac{\displaystyle\sum_{i=1}^{N_g} \left(u_{i0}'^2 \cdot \omega_i\right)}{\displaystyle\sum_{j} \left(u_{j0}'^+ \cdot \omega_j\right)} \cdot \Delta u' \pm \frac{\displaystyle\sum_{i=1}^{N_g} \left(u_{i0}'^2 \cdot \omega_i\right)}{\left(\displaystyle\sum_{j} \left(u_{j0}'^+ \cdot \omega_j\right)\right)^2} \cdot \Delta u'^2 = \frac{\Delta E_{tr}}{m_g F_{num}} \tag{8-8}$$

求解方程 (8-8)，得到总的正向热运动速度增量。进一步，不断调整上述的加权值，得到各气体分子的热运动速度为

$$u_i' = u_{i0}' \mp \frac{u_{i0}'}{\displaystyle\sum_{j} \left(u_{j0}'^+ \cdot \omega_j\right)} \cdot \Delta u' \tag{8-9}$$

最后，将气体分子的平均速度改变量和热运动速度改变量进行叠加，得到相互作用后气体分子的速度为

$$u_i = u_{i0} + \Delta \bar{u} \mp \frac{u_{i0}'}{\displaystyle\sum_{j} \left(u_{j0}'^+ \cdot \omega_j\right)} \cdot \Delta u' \tag{8-10}$$

总之，宏观双向耦合方法是采用第 5 章方法 (公式 (5-2)、公式 (5-3)、公式 (5-7)、公式 (5-10))、公式 (8-1)、公式 (8-2) 计算颗粒速度和温度变化；通过公式 (8-3)~ 公式 (8-10) 计算月壤颗粒对羽流的反作用，得到气体分子的速度变化，进而完成羽流与月壤的宏观双向耦合计算。

8.3 微观双向耦合方法

本节从气体分子与月壤颗粒表面碰撞行为的微观角度，通过月壤颗粒表面入射和出射气体分子的动量和能量的变化，分析羽流对颗粒的作用力和热传递。同时，通过气体分子在月壤颗粒表面的碰撞所导致的分子运动状态变化，分析月壤颗粒对羽流的反作用。即羽流与月壤颗粒的相互作用微观双向耦合方法。

8.3.1 气体分子对月壤颗粒的作用力和热传递

气体分子的直径比月壤颗粒的直径小几个数量级，因此，气体分子与月壤颗粒的碰撞被认为是气体与月壤颗粒表面的相互作用。气体分子在月壤颗粒表面偏转过程中，动量和能量的传递来自四种不同的分子：入射分子、反射分子、等温反射分子和绝热反射分子 [6-8]。根据力和传热格林函数，将所有这些分子的贡献

相加，得到气相与颗粒相的动量和能量传递。Gallis 等 [8] 利用 Green 函数建立了一个适用于 DSMC 方法求解气体分子对颗粒作用力和热传递的计算方法。Burt 等 [9] 在 Gallis 研究的基础上，建立了气体分子在颗粒表面反射的唯象论模型，发展了一种适用于 DSMC 的双向耦合计算方法，并将 Gallis 模型中的单原子气体扩展到双原子气体。与此同时，Gimelshein 等 [10,11] 基于与 Burt 等方法，采用坐标转换的方法考虑了气体分子在颗粒表面的反射情况，对高空小型固体发动机出口的氧化铝和燃气的两相羽流场进行了双向耦合模拟。Burt 等和 Gimelshein 等构造了适用于稀薄环境条件下气固两相流的双向耦合相互作用模型，并用于开展高空稀薄气固两相流研究。

本节假设气体分子对月壤颗粒的作用基于微观层面的粒子运动以及与月壤颗粒表面的碰撞行为。根据月壤颗粒表面与气体分子碰撞前后带来的动量与能量的变化，一个月壤颗粒 r 受到网格中气体模拟分子 i 的作用力和热传递为 [9]

$$\boldsymbol{F}_{\mathrm{p}} = \sum_{i=1}^{N_{\mathrm{g}}} \left[\omega_i \cdot \frac{\pi R_{\mathrm{p}}^2 F_{\mathrm{num}}}{V_{\mathrm{c}}} \left(m_{\mathrm{g}} |\boldsymbol{u}_{\mathrm{r},i}| + \frac{\delta}{3} \sqrt{2\pi m_{\mathrm{g}} k_{\mathrm{B}} T_{\mathrm{p}}} \right) \cdot \boldsymbol{u}_{\mathrm{r},i} \right] \tag{8-11}$$

$$\dot{Q} = \sum_{i=1}^{N_{\mathrm{g}}} \left[\omega_i \cdot \frac{\pi R_{\mathrm{p}}^2 \delta F_{\mathrm{num}} |\boldsymbol{u}_{\mathrm{r},i}|}{V_{\mathrm{c}}} \left(\frac{1}{2} m_{\mathrm{g}} |\boldsymbol{u}_{\mathrm{r},i}|^2 + c_{\mathrm{rot},i} - \left(2 + \frac{\zeta}{2} \right) k_{\mathrm{B}} T_{\mathrm{p}} \right) \right] \tag{8-12}$$

式中，R_{p} 是月壤颗粒半径，V_{c} 是网格体积，ζ 是适应系数，k_{B} 是 Bolzmann 常量，$\boldsymbol{u}_{\mathrm{r},i}$ 是模拟分子相对颗粒的速度。

8.3.2 气体分子在月壤颗粒表面的反射

本节通过气体分子在月壤颗粒表面碰撞的反射导致气体分子运动状态的改变，实现羽流场受到月壤颗粒的反作用。对于选定的月壤颗粒，单位时间内被月壤颗粒扫过的体积内的所有的计算气体分子都可以选择为潜在的碰撞分子。采用 NTC (no time counter) 方法选定碰撞分子，并判断碰撞是否发生。由于一个月壤颗粒的尺寸远大于一个气体分子的尺寸，所以可以将该颗粒所占体积内的分子作为潜在的碰撞对象，颗粒自身的体积也需要考虑进来。NTC 方法假设月壤颗粒和气体分子的位置在碰撞阶段都是被忽略的，即使假设分子与颗粒的相对速度为零，它也可以从粒子表面反射回来。因此，碰撞分子的数目可以计算为 [12]

$$N_{\mathrm{c}} = F_{\mathrm{nump}} N_{\mathrm{g}} \left(\pi R_{\mathrm{p}}^2 |\boldsymbol{u}_{\mathrm{r}}| \Delta t + 4\pi R_{\mathrm{p}}^3 / 3 \right) / V_{\mathrm{c}} \tag{8-13}$$

选择碰撞对的概率为 [12]

$$\frac{\left(F_{\mathrm{nump}}\, N_{\mathrm{g}}\left(\pi R_{\mathrm{p}}^2\left|\boldsymbol{u}_{\mathrm{r}}\right|\Delta t + 4\pi R_{\mathrm{p}}^3/3\right)/V_{\mathrm{c}}\right)}{\left(F_{\mathrm{nump}}\, N_{\mathrm{g}}\left(\pi R_{\mathrm{p}}^2\left|\boldsymbol{u}_{\mathrm{r}}\right|\Delta t + 4\pi R_{\mathrm{p}}^3/3\right)/V_{\mathrm{c}}\right)_{\mathrm{max}}} \tag{8-14}$$

碰撞分子确定后，气体分子在月壤颗粒表面发生镜面反射或漫反射，并计算出气体分子性质的变化。采用 Maxwell 分布模型，利用表面热容系数来确定入射分子从表面漫反射的比例，其余的入射分子被认为是镜面反射。本节采用间接法[13] 来考虑气体分子在月壤颗粒表面发生漫反射或镜面反射后的速度变化，计算过程阐述如下。

全局坐标系记为 XYZ，月壤颗粒坐标系记为 $X'Y'Z'$，以月壤颗粒中心为原点，随颗粒一起运动。那么，假设颗粒在该坐标系中静止，气体分子以相对速度 $\boldsymbol{u}_{\mathrm{r}}$ 运动，令 $\boldsymbol{u}_{\mathrm{r}}$ 沿 OX' 轴负方向。OX' 在 XOZ 平面的投影为 OX_1，则 OX' 与 XOZ 平面的夹角为 γ，OX_1 与 OX 的夹角为 ψ，如图 8-2 所示[13]。

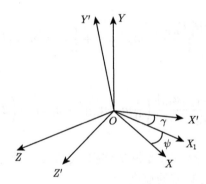

图 8-2　全局坐标 XYZ 向颗粒坐标变换 $X'Y'Z'$[13]

参照弹道坐标系的变换法则，注意角度取值的正负，由全局坐标系的 XOZ 先绕 Y 轴旋转 ψ 角到 X_1OZ'，再将 X_1OY 绕 Z' 轴旋转 γ 角到 $X'OY'$。最终得到颗粒坐标系 $X'Y'Z'$，变换矩阵为

$$\boldsymbol{T}_1 = \begin{pmatrix} \cos\gamma\cos\psi & \sin\gamma & \cos\gamma\sin\psi \\ \sin\gamma\cos\psi & \cos\gamma & \sin\gamma\sin\psi \\ \sin\psi & 0 & \cos\psi \end{pmatrix} \tag{8-15}$$

在 $X'OY'$ 平面内，随机选取气体分子的碰撞距离 b 为 $R_{\mathrm{p}}\sqrt{R_{\mathrm{f}}}$。其中 R_{p} 为颗粒半径，R_{f} 为 0 到 1 之间均匀分布的随机数，分子的反射点在垂直 OX' 轴的半径为 b 的圆上，且到原点的距离等于颗粒半径 R_{p}，见图 8-3[13]。角 φ 随机选取为 $2\pi R_{\mathrm{f}}$，得到反射点 M 的坐标为 $\left(\sqrt{R_{\mathrm{p}}^2 - b^2}\ b\cos\varphi\ b\sin\varphi\right)$。

此时，法线向量为 OM，按照同样的方法将颗粒坐标系 $X'Y'Z'$ 旋转到法线坐标系 $X_2Y_2Z_2$，使 OX_2 轴沿着 OM 方向，变换矩阵记为 $\boldsymbol{T}_2$。颗粒坐标系中的入射向量 $\boldsymbol{x} = (-|\boldsymbol{u}_{\rm r}|, 0, 0)$，在法线坐标系中为 $\boldsymbol{p} = \boldsymbol{T}_2\boldsymbol{x}$，如图 8-4 所示[13]。

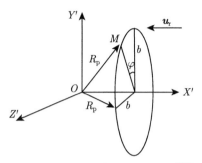

图 8-3　颗粒坐标下反射点位置[13]

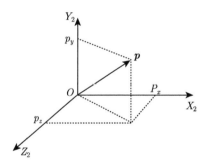

图 8-4　表面法线坐标示意图[13]

以 OX_2 轴为法线，若气体分子为镜面反射，则沿法线方向的分量 p_x 改变符号，其余分量不变，反射速度的分量为 $u = -p_x$，$v = p_y$，$w = p_z$。若为漫反射，则法线方向的速度分量 U 和切向合速度 V 均服从 Maxwell 速度分布[13]：

$$
\begin{aligned}
f\left(\beta^2 U^2\right) &= \exp\left(-\beta^2 U^2\right) \\
f\left(\beta^2 V^2\right) &= \exp\left(-\beta^2 V^2\right)
\end{aligned} \tag{8-16}
$$

式中，$\beta = 1 \big/ \sqrt{2k_{\rm B}T_{\rm g}/m_{\rm g}}$，$m_{\rm g}$ 为气体分子质量，$k_{\rm B}$ 为玻尔兹曼常量。由公式 (8-16) 速度分布得到速度分量 U 和 V 的随机取样公式为 $\sqrt{-lnR_{\rm f}/\beta}$，在 Y_2OZ_2 切向平面上选取均匀分布的 α，得到反射速度的分量为 $u = U$，$v = V\cos\alpha$，$w = V\sin\alpha$。将反射向量乘以矩阵 $\boldsymbol{T}_1^{-1}\boldsymbol{T}_2^{-1}$，即得到全局坐标系中的反射速度。

在相同计算精度下，He 等[13] 的间接法使用的分布函数仅需取样一次，且坐标变换矩阵规模较小，相比 Burt 和 Boyd[9] 根据反射向量的多次随机取样和取舍判断，计算效率更高，具有更大优势。总之，微观双向耦合方法是采用公式 (8-11) 和公式 (8-12) 计算月壤颗粒受到的微观作用力和能量，进而得到月壤颗粒的运动和温度变化；通过公式 (8-13)~(8-16) 计算气体分子在月壤颗粒表面的微观碰撞，得到气体分子的速度变化，进而完成羽流与月壤的微观双向耦合计算。

8.4　宏观双向耦合和微观双向耦合方法的对比分析

在第 2 章月壤颗粒被羽流喷射后的计算方法的基础上 [14]，本节运用 8.2 节和 8.3 节建立的宏观双向耦合计算方法和微观双向耦合计算方法，对比分析两种双向耦合方法的计算结果，包括月壤颗粒的空间分布、喷射角度、速度分布、温度分布、颗粒流量和运动轨迹等的影响机理和影响因素。

同第 6 章和第 7 章一致，本节采用尺寸为 1.4m×15m 的二维轴对称计算区域，如图 2-3 所示，发动机喷口位于距月表 1.4m 处，喷口直径为 2m，四个边界分别设定为轴对称边界、真空边界和漫反射边界。月表温度设定为 300K，气体表面相互作用设定为漫反射，散射比为 0.8。混合气体由五种气体分子的加权平均得到，直径为 $4.69×10^{-10}$m，分子质量为 $4.09×0^{-26}$kg。计算模型网格划分如图 3-2 所示，时间步长取为 10^{-6}s，模拟气体分子代表数为 $3.5×10^{15}$，计算区域模拟气体分子约 26 万个。假设月壤颗粒初速度为 0m/s，初始温度为 300K，月壤颗粒计算参数如表 8-1 所示。同时，本节采用第 3 章 CFD/DSMC 耦合方法分析羽流场，并与月壤颗粒进行双向耦合分析。

表 8-1　双向耦合方法的月壤颗粒参数

颗粒密度 /(kg/m³)	比热 /(J/(kg·K))	月壤颗粒直径与所占质量百分数/%				升力系数	试验系数 Φ
		10μm	40μm	70μm	100μm		
2708	2180	20	30	27	23	10	0.1

8.4.1　月壤颗粒的空间分布

以 70μm 月壤颗粒速度矢量为例进行阐述，70μm 颗粒速度矢量如图 8-5 所示，可以看到月壤颗粒的运动方向与羽流场流线基本一致。这是由于月壤颗粒在月表附近羽流场中的加速运动主要以羽流对月壤颗粒的曳力和升力为主导，重力的影响很小。同时，由距离轴线 0.4m 至 2m 颗粒速度矢量分布可以看出，宏观耦合方法的月壤颗粒在喷射初始阶段获得了更多竖直方向速度分量，主要是因为宏观双向耦合方法和微观双向耦合方法上的不同引起的。通过第 5 章升力的无量纲分析可以看出，月壤颗粒喷射位置附近升力的作用十分明显，接近曳力的五分之一，同时此处羽流场水平方向速度梯度较大，即升力对月壤颗粒的主要作用是竖直方向，导致宏观双向耦合方法的月壤颗粒喷射位置附近获得更多的竖直分量。

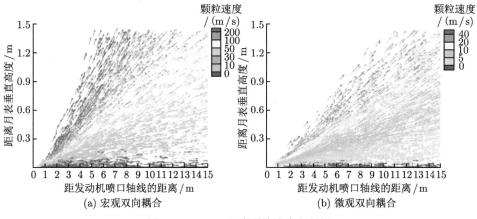

(a) 宏观双向耦合   (b) 微观双向耦合

图 8-5   70μm 月壤颗粒速度矢量图

图 8-6 为 4 种直径月壤颗粒的质量分布云图。可以看到，随月壤颗粒直径的增加，月壤颗粒被喷射后在场中分布范围逐渐变小，但是场中的颗粒分布更加密

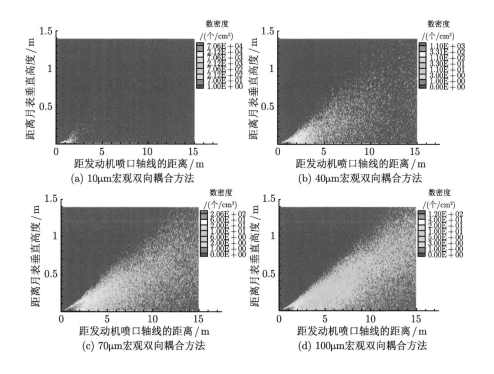

(a) 10μm宏观双向耦合方法   (b) 40μm宏观双向耦合方法

(c) 70μm宏观双向耦合方法   (d) 100μm宏观双向耦合方法

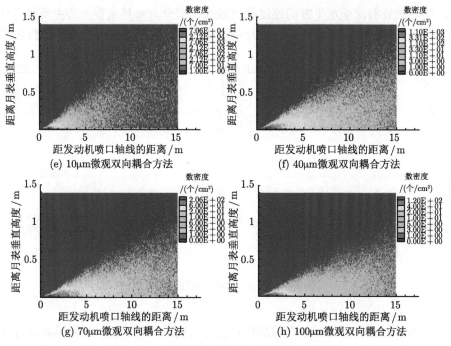

图 8-6　4 种直径月壤颗粒的质量分布云图

集。这是由于月壤颗粒随着直径的增加，颗粒惯性作用增加，羽流驱动力的主导作用在减弱，月壤颗粒对羽流运动的跟随性减弱，羽流对月壤颗粒的加速作用被减弱，不能由高速流场区域运动获得进一步的加速，从而导致大直径颗粒小范围集中。同时，远场中的月壤颗粒经过持续加速后，分布变得稀疏，质量分布逐渐趋于稳定。这是由于远场的羽流场极度稀薄，对颗粒的加速作用基本消失，宏观与微观两种方法的结果基本一致。

　　此外，两种方法在月壤颗粒分布的趋势上存在一定的差异。宏观双向耦合方法的月壤颗粒在空中呈喷射分布，沿喷射中心线垂直方向喷射，向两侧分散并逐渐变得稀疏，大尺寸颗粒体现的上述特征更加明显。微观双向耦合方法的月壤颗粒分布主要沿月表方向逐渐延伸扩散，各直径颗粒运动特征基本一致。两种方法引起月壤颗粒分布差异的主要原因是，宏观双向耦合方法中的升力作用起主导，使月壤颗粒向流速更高和远离月面的区域运动。

8.4.2　月壤颗粒的喷射角度

　　4 种直径月壤颗粒上边界分布曲线如图 8-7 所示，可以看出，随颗粒直径的增加，上边界与月表形成角度逐渐减小。表 8-2 为月壤颗粒分布上边界角度和高度统计表，可以看出，距离发动机轴线位置 2m 处的 10μm 与 70μm 月壤颗粒，宏观双向耦合方法两个尺寸颗粒喷射角度相差 5.8°, 微观双向耦合方法相差 5.04°。随距离增大至 10m 处, 宏观双向耦合方法角度差增大至 21.39°, 微观双向耦合方法角度差增大至 9.53°。这是由于小尺寸月壤颗粒极易响应羽流驱动, 更加容易获得更大的速度, 到达流场速度更大的流场。同时, 相同直径颗粒, 宏观双向耦合方法的喷射角度要大于微观双向耦合方法, 大直径颗粒不同方法间的角度差随水平距离增加而有所降低, 例如, 70μm 颗粒在 10m 处宏观双向耦合方法角度仅比微观双向耦合方法高 1° 左右。与 8.4.1 节分析相同, 由于宏观双向耦合方法中的升力作用使得颗粒喷射初始阶段获得更大的加速, 当月壤进入了更高流速区域时, 升力作用减弱, 到达远场后羽流场驱动作用减弱。由于月壤颗粒惯性作用, 所以大颗粒角度差别进一步降低。

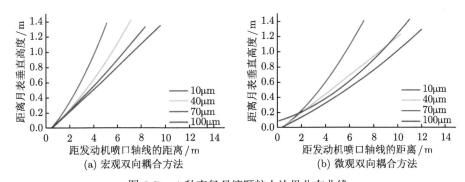

(a) 宏观双向耦合方法   (b) 微观双向耦合方法

图 8-7   4 种直径月壤颗粒上边界分布曲线

表 8-2   国内外研究月壤颗粒分布上边界角度和高度统计表

| 算例 | H/m | D_p/μm | \multicolumn{10}{c}{上边界各位置及斜率/(°)} |
| | | | 2m | | 4m | | 6m | | 8m | | 10m | |
			倾角	高度	倾角	高度	倾角	高度	倾角	高度	倾角	高度
宏观双向耦合方法	1.4	10	14.66	0.35	19.65	0.97	24.35	1.78	28.73	2.78	32.77	3.97
	1.4	70	8.86	0.23	9.49	0.56	10.12	0.90	10.75	1.27	11.38	1.66
微观双向耦合方法	1.4	10	9.29	0.23	12.05	0.61	14.75	1.08	17.39	1.66	19.96	2.34
	1.4	70	4.25	0.21	5.81	0.39	7.36	0.62	8.90	0.90	10.43	1.24
He 等[13]	7	70	1.14	0.02	6.31	0.14	15.53	0.51	27.58	1.30	40.14	2.66
Morris 等[16]	3	8	17.38	0.43	33.55	1.39	48.02	3.15	58.91	5.91	66.53	9.85
	5	8	10.88	0.25	27.41	0.96	40.20	2.32	49.51	4.34	56.27	7.01
	5	11	4.53	0.36	14.91	0.71	23.15	1.41	29.41	2.41	33.99	3.65

8.4.3 月壤颗粒的速度

4 种直径月壤颗粒速度统计柱状图如图 8-8 所示, 可以看出, 宏观双向耦合方法将近 20% 的 10μm 颗粒达到了 1000m/s 以上, 将近 70% 的颗粒速度高于

500m/s。与 10μm 颗粒成鲜明对比，40μm 颗粒速度分布整体明显减小，低速颗粒比例开始增加，高速颗粒大幅减少，主要集中在 100~500m/s。与宏观双向耦合方法类似，微观双向耦合方法随着颗粒直径增加，颗粒速度整体减小，但是相比宏观双向耦合方法，整体的速度都小很多。微观双向耦合方法获得 10μm 颗粒速度主要集中在 100~200m/s，40~100μm 颗粒集中在 50~100m/s。计算结果表明：在水平距离 15m 范围内，宏观双向耦合方法的计算结果会有少量颗粒达到最大轴向速度，约 2000m/s，这是由于少量颗粒运动到了流速更高的区域引起的。同时还可以看出，宏观双向耦合方法计算获得的颗粒更容易运动至速度更大的流场，获得更大的加速度，从而进一步佐证了两种方法计算得到的颗粒质量分布规律：宏观双向耦合方法比微观双向耦合方法得到的颗粒分布范围更广，更偏向于高速流场；微观双向耦合方法的各尺寸颗粒在场中分布始终沿着月球表面，向远处缓慢扩散。

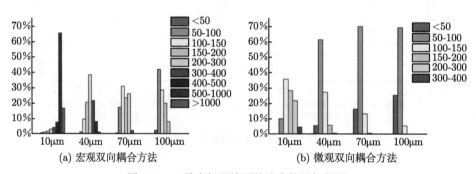

图 8-8　4 种直径月壤颗粒速度统计柱状图

8.4.4　月壤颗粒的温度

表 8-3 为两种方法获得的月壤颗粒温度计算结果。可以看出，宏观双向耦合方法获得的月壤颗粒温度保持在 300K，温度变化几乎可以忽略。微观双向耦合方法得到的月壤颗粒温度改变比较明显，颗粒尺寸越小，颗粒温度的变化越大，10μm 月壤颗粒的最高温度达到 569.32K。由于大直径月壤颗粒的质量更大，升高相同的温度需要吸收更多的热量。通过前面 8.2 节和 8.3 节分析可以知道，宏观双向耦合方法和微观双向耦合方法考虑的热传递机制是不同的。宏观双向耦合方法基于宏观流场的对流传热。由于流场的稀薄特征，所以这种传热的量很小。微观双向耦合方法基于气体分子与月壤颗粒直接碰撞来传递热量，考虑了网格中所有气体分子与月壤颗粒发生的微观颗粒碰撞行为中气体分子对颗粒表面温度的适应情况。除了上述原因，不排除还有其他形式的热传递发生，对于羽流与颗粒的传热机制还有待于进行更加深入的研究。

表 8-3   两种方法获得的月壤颗粒温度

月壤颗粒 直径/μm	宏观双向耦合方法			微观双向耦合方法		
	平均温度/K	最低温度/K	最高温度/K	平均温度/K	最低温度/K	最高温度/K
10	300.04	299.99	300.34	338.45	304.96	569.32
40	300.03	299.99	300.25	322.34	303.80	426.98
70	300.03	299.99	300.22	317.52	304.16	394.04
100	300.03	299.99	300.19	315.16	303.59	380.88

8.4.5 羽流场边界的月壤颗粒流量

图 8-9 为 4 种直径月壤颗粒在 0.1s 内由 $x=15$m 处的出口边界运动出计算区域的流出质量分布。由图 8-9(a) 可以看出，宏观双向耦合方法得到的 40~100μm 月壤颗粒从边界出场的质量分布的形状比较类似，其值随颗粒直径增大而减小。但是，出现的最大值位置相差较大，分别位于 0.9m、1.0m、1.1m 附近，这是由于大颗粒的速度较慢。同时，可以看出 10μm 月壤颗粒质量较小且分布趋势与其他尺寸颗粒不同，从右边界出场的流出质量分布相对变化不大。这是由于相比其他较大月壤颗粒，10μm 月壤颗粒运动速度非常大，大部分颗粒已由上边界飞出计算区域。由图 8-9(b) 可以看出，微观双向耦合方法得到的 10~100μm 颗粒从边界出场质量分布的形状都很相似，最大值出现的位置也比较一致，均在距离月表 0.6m 左右，质量最大值随颗粒直径增大而减小，也从侧面印证了其沿着月表向远场扩散的趋势。

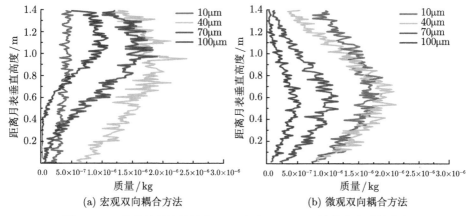

(a) 宏观双向耦合方法   (b) 微观双向耦合方法

图 8-9   4 种直径月壤颗粒在 0.1s 内由 $x=15$m 处的流出质量分布

部分月壤颗粒在喷射不久就会落回月表，在月表堆积后形成一定的坡度。图 8-10 为 4 种直径月壤颗粒月表沉降质量分布，由图 8-10 (a) 可以看出，宏观双向耦合方法得到的月壤沉积高度随颗粒尺寸增大而减小，质量分布的最大值位置逐渐向远场移动，大直径月壤颗粒更存在向远场运动的趋势，只有较少月壤颗粒落回对称轴边界附近。由图 8-10 (b) 可以看出，微观双向耦合方法得到的各个尺寸月壤颗粒的沉降质量分布区别不明显，只有 10μm 月壤颗粒沉降质量略低一点，而且沉降质量最大值出现的水平位置与宏观双向耦合方法结果相差不大。微观双向耦合方法得到的 4 种直径月壤颗粒落地总质量比宏观双向耦合方法要大一些，主要原因是微观双向耦合方法整体颗粒运动速度都比较小，且整体沿着月表进行运动，所以微观双向耦合方法得到的月壤颗粒更容易回落至月球表面。

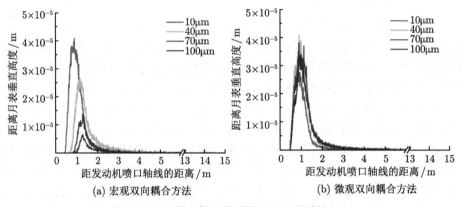

图 8-10   4 种直径月壤颗粒月表沉降质量分布

8.4.6   月壤颗粒的运动轨迹

着陆器羽流冲击月表使自然状态下的月壤颗粒被破坏，月壤颗粒在羽流场的作用下被喷射并在月表空间运动。试验结果表明，月壤颗粒尺寸越小越容易受到羽流场的驱动，得到更大的加速度，在场中的分布范围更广。宏观双向耦合方法和微观双向耦合方法得到的计算结果在整体趋势上和物理现象一致，但是两种方法得到的计算结果也存在一定的差异。首先，在月壤颗粒运动方面，微观双向耦合方法由式 (8-11) 得到的月壤颗粒受力方向与羽流场速度方向相一致。宏观双向耦合方法计算的月壤颗粒受羽流作用的宏观气动力是由与速度方向一致的主导作用力曳力和与速度垂直方向的升力两个部分组成的。由第 5 章中宏观受力的量级分析可以看出，月壤颗粒喷射的初始阶段升力的作用不容忽略，羽流场对应位置的竖直方向速度梯度分布变化较大，因此，在升力作用下月壤颗粒在竖直方向上的位移更大，更容易运动至羽流场速度更大的区域。图 8-11 为两种方法计算的 70μm 月壤颗粒的运动轨迹。由图 8-11(a) 可以看到，宏观双向耦合方法计算得到的月壤颗粒在运动的初始阶段受升力影响，其运动轨迹的斜率变化很大，直到运动至相对较高的位置，即升力影响很小的位置。此时月壤颗粒的加速度由曳力主导，其运动轨迹的斜率趋于相对稳定。

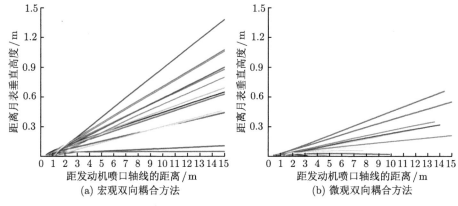

图 8-11　两种方法计算得到的 70μm 月壤颗粒的运动轨迹

8.5　与其他双向耦合方法的对比分析

20 世纪六七十年代国际的载人探月活动观测发现，羽流喷射月壤颗粒对软着陆缓冲阶段的宇航员观测和光学仪器测量存在严重影响。国内外多个研究团队对这个问题采用不同方法进行了探索。为了对此问题能够有更加深入的研究，下面对近年来包括我们课题组在内的研究结果进行对比分析。

Morris 等 [4,16,17] 做了很多相关工作。首先，Morris 等研究羽流对月表的冲击作用 [16]，引用 Roberts[18,19] 理论计算黏性侵蚀颗粒的数量，探讨月壤颗粒受羽流场中气体分子碰撞而加速运动的现象。之后，他们采用了 Burt 等 [9] 的双向耦合方法，引入了月壤颗粒间的非弹性碰撞，对颗粒在远场的分布情况进行了模拟，并对发动机有四喷口的情况进行了初步分析。同时，Morris 等对月表一定距离添加羽流偏转栅栏的情况进行了模拟 [16]。进一步，Morris 等对 Burt 等的双向耦合方法在使用大时间步的计算方案进行了优化，完整地模拟了单个发动机喷口和四喷口着陆器降落过程中对月壤运动的影响 [17]。研究结果表明，小直径颗粒月壤更容易被羽流驱动加速到更大的速度，颗粒分布范围更广。表 8-3 为国内外研究月壤颗粒分布上边界角度和高度统计表。从表 8-3 可以看出，沿着远离对称轴线的方向，月壤颗粒倾角逐渐增大，相同位置下小直径月壤颗粒的扬角大于大直径月壤颗粒，而且随水平距离增加，小直径月壤颗粒倾角的增值幅度更大，与本章两种双向耦合方法计算得到的规律相一致。

通过 Morris 等 [4] 喷口距离月表 3m 的计算结果可以看出，8μm 月壤颗粒的数密度分布经换算后量级与本章计算结果相差不大。在距发动机轴线 50m 处最大颗粒质量流量约为 1.75g/(m²·s)，与本章宏观双向耦合方法获得 15m 处计算结果 (5.75g/(m²·s)) 处于相同量级。从表 8-3 可以看出，Morris 等的 11μm 月壤颗粒在距对称轴线 50m 处的最大轴向速度约为 370m/s；本章的宏观双向耦合方法计算结果表明，在水平距离 15m 范围内会有少量月壤颗粒具有最大轴向速度，约 2000m/s，这是由于极少量月壤颗粒运动到了流速更高的区域。此外，月壤颗粒对气体的反作用的引入，使远场处颗粒速度降低了将近 30%，Morris 等认为这是因为颗粒的运动抑制了气体分子的运动，使流体边界层变厚，导致气体分子对颗粒的加速作用变小。本章宏观双向耦合方法的计算结果发现月壤颗粒速度同样存在较大的减小，速度最大降低了近 58%。带来以上差异的原因，首先是关键参数设置不同，Morris 等选取的颗粒直径与本章不完全相同；同时，喷口距离月表高度、喷口参数、计算区域的范围也不同；其次，Morris 等考虑了颗粒的相互碰撞，颗粒碰撞会使场中的月壤颗粒分布范围有所扩大，一定程度降低了场中颗粒的密度。月壤颗粒之间的碰撞影响在第 7 章进行了讨论，本节重点探究发动机位于一定高度下羽流与月壤颗粒的双向耦合，本章未考虑月壤颗粒间碰撞的影响。

He 等 [13] 参照 Gimelshein[10] 等对气体分子与颗粒碰撞建模的思路，提出了通过两次坐标变换的间接法计算气体分子在颗粒表面的反射向量，从而提高计算效率。通过对着陆器发动机距月表 5m，颗粒直径为 70μm 的情况进行了计算，其流场特征与我们得到的结果相一致。本章两种方法计算得到的 70μm 月壤颗粒的运动轨迹如图 8-11 所示，由于对月壤颗粒的喷射和运动计算方法不同，He 等获得的月壤颗粒轨迹与本章计算结果不同 [13]。He 等的计算结果表明，70μm 月壤颗粒的最大速度约为 100m/s；本章的宏观双向耦合方法计算得到的 70μm 月壤颗粒最大速度可以达到 375.59m/s，微观双向耦合方法获得的月壤颗粒最大速度为 184m/s。相比之下，由于计算参数以及喷口位置不同，本章微观双向耦合方法得到的最大轴向速度和 He 等的计算结果存在一定的差别。

微观双向耦合方法直接采用气体分子与颗粒的碰撞相互传递动量和能量，与宏观双向耦合方法的两相之间的相互作用研究方法不同，导致动量和能量仅是从时间平均层面上守恒，不能保证单个时间步长的守恒。同时，对每个月壤颗粒依次与气体分子碰撞分析颗粒对气体分子作用，这与实际情况有差别，大量的随机过程给模拟也带来了很大的计算负担。相比之下，宏观双向耦合方法保证了每个时间步相互作用的动量与能量守恒，提高了计算效率，具有一定的优势。

8.6　本章小结

本章提出了宏观双向耦合和微观双向耦合两种方法，分析了两种双向耦合方法对月壤颗粒运动和空间分布的影响机理和影响因素。两种双向耦合方法的相同之处：月壤颗粒的加速过程主要由羽流场的曳力和升力起决定作用，重力的影响不大；随月壤颗粒直径增大，月壤颗粒速度降低，空间分布变小。

　　两种双向耦合方法不同之处：宏观双向耦合方法得到月壤颗粒在场中分布特点，与微观双向耦合方法沿月球表面向远场分布及月表分布非常密集相比有所不同，宏观双向耦合方法呈喷射状分布，垂直喷射方向向两侧逐渐变得稀疏。宏观双向耦合方法得到的月壤颗粒运动速度要大于微观双向耦合方法的结果，其空间分布也比微观双向耦合方法所得结果分布更广，小直径颗粒的差异最明显。引起差异的主要原因是两种方法考虑月壤颗粒受力的计算方法不同，导致宏观双向耦合方法获得的升力对月壤颗粒的后续运动与分布有很大的影响。月壤颗粒在运动的起始阶段，升力作用在其竖直方向上的影响很大，使颗粒更容易运动至流速更高的区域。同时，由于考虑了月壤颗粒对羽流场气体的反作用，月壤颗粒的运动速度最大降低了近 58%。主要原因是月壤颗粒阻碍了气体的运动，其加速运动消耗了气体的动量，导致气体对月壤颗粒的作用力减小，从而影响了月壤颗粒的加速运动。

　　本章印证了月壤颗粒与羽流场的双向耦合效应是研究月壤颗粒空间分布不能忽略的重要影响因素之一。本章采用的宏观双向耦合方法实现了每个时间步内两相之间动量与能量守恒，并避免了直接考虑气体分子与颗粒碰撞带来的巨大计算量，得到了与实际物理现象相符的模拟结果，具有一定的优势。

参 考 文 献

[1] Christensen E M. Lunar surface mechanical properties: Surveyor results[J]. Journal of Geophysical Research, 74, 1970, 5(2): 171-180.

[2] Hutton R E. Lunar surface erosion during Apollo 11, 12, 14, and 15 landings[C]//TRW Systems, Redondo Beach, USA, 1971.

[3] Wagner S. The Apollo expericence lessons learned for constellation lunar dust management[R]. NASA Technical Report, 2006.

[4] Morris A B, Goldstein D B, Varghese P, et al. Approach for modeling rocket plume impingement and dust dispersal on the moon[J]. Journal of Spacecraft and Rockets, 2015, 52(2): 362-374.

[5] Guo L J. Two phase and multiphase flow dynamics[P]. Xi'An Jiaotong University Press, 2002.

[6] 李洁, 任兵, 陈伟芳. 稀薄流过渡区气固两相喷流的建模与数值模拟 [J]. 空气动力学学报, 2005, 23(4): 484-489.

[7] 李洁, 尹乐, 颜力. 稀薄流气粒两相耦合作用的热力学模型 [J]. 国防科技大学学报, 2009, 23(3): 6-10.

[8] Gallis M A, Torczynski J R, Rader D J. An approach for simulating the transport of spherical particles in a rarefied gas flow via the direct simulation Monte Carlo method[J]. Physics of Fluids, 2001, 13(11): 3482-3492.

[9] Burt J M, Boyd I D. Development of a two-way coupled model for two phase rarefied flows[C]// 42nd AIAA Aerospace Sciences Meeting and Echibit, Renon, Nevada, 2004.

[10] Gimelshein S, Alexeenko A, Wadsworth D, et al. The Influence of particulates on thruster plume / shock layer interaction at high altitudes[C]//43rd AIAA Aerospace Sciences Meeting and Exhibit, Reno, Nevada, 2005.

[11] Gimelshein S, Markelov G, Muylaert J. Numerical modeling of low thrust solid propellant nozzles at high altitudes[C]//Aiaa/asme Joint Thermophysics and Heat Transfer Conference, 2006.

[12] Li Y, Ren D, Bo Z, et al. Gas-partice two-way coupled method for simulating the interaction between a rocket plume and lunar dust[J]. Acta Astronautica, 2019, 157: 123-133.

[13] He X, He B, Cai G. Simulation of rocket plume and lunar dust using DSMC method[J]. Acta Astronautica, 2012, 70(1): 100-111.

[14] 耿动梁, 任德鹏, 叶青, 等. 羽流场与月壤颗粒相互作用的一种新计算方法 [J]. 宇航学报, 2014, 35(8): 884-892.

[15] 李阳. 真空环境下发动机羽流与月壤颗粒的双向耦合数值模拟研究 [D]. 天津: 天津大学, 2022.

[16] Morris A B, Goldstein D B, Varghese P L, et al. Modeling the interaction between a rocket plume, scoured regolith, and a plume deflection fence[C]//The Workshop on Thirteenth Asce Aerospace Division Conference on Engineering, 2012: 189-198.

[17] Morris A B, Goldstein D B, Varghese P L, et al. Lunar dust transport resulting from single- and four-engine plume impingement[J]. AIAA Journal, 2016, 54(4): 1-11.

[18] Roberts L, South J C. Comments on exhaust flow field and surface impingement[J]. AIAA Journal, 1964, 2(5): 971-973.

[19] Roberts L. Interaction of a rocket exhaust with the lunar surface[C]//Fluid Dynamic Aspects of Space Flight, Gordon and Breach, New York, 1966: 269-290.

第 9 章　与阿波罗登月实测数据的对比验证

本章将阿波罗 11 号着陆器登月时的实际观测数据，与本书提出的 6 种研究方法的计算结果分别进行了对比验证。本书提出计算月坑的尺寸和位置与阿波罗 11 号数据基本一致；本书提出的 6 种研究方法得到的月壤颗粒平均喷射角度与阿波罗实测数据基本一致，6 种研究方法得到的月壤颗粒最大数密度与阿波罗数据给出的范围相符。最后，分析了本书 6 种研究方法结果与阿波罗登月实测数据异同的可能原因。

9.1　阿波罗登月着陆过程中羽流侵蚀月壤颗粒的实测结果

文献 [1~4] 根据阿波罗宇航员与地面指挥人员以及任务执行过程中宇航员之间的详细对话交流录音，回顾了阿波罗 11 号在整个登月过程的每个环节，再现了阿波罗 11 号在月表上方 40ft①直到完成月表着陆的轨迹 [1]，每个环节的重要时间节点如表 9-1 和图 9-1 所示 [2-5]。通过对比发现，阿波罗 11 号距离月表最后 40ft 时的宇航员录音与文献 [1] 是吻合的。可以推断，在触地 1s 后关闭着陆器发动机。文献 [4] 和文献 [5] 给出了阿波罗 11 号登月时的一些彩色图片，如图 9-2 所示，更有利于观察阿波罗 11 号的着陆过程和实际情况。

表 9-1　阿波罗 11 号随时间的降落过程 [1]

时间 (时：分：秒)	高度/ft	下降速度/(ft/s)	向前速度/(ft/s)
102:45:17	40	2.5	—
102:45:21	30	2.5	—
102:45:25	20	0.5	4.0
102:45:40		"轻轻接触"(高度接近 5ft)	
102:45:43		关机 (于月表接触)	

历次阿波罗登月软着陆过程中拍摄了大量的照片录像等影像资料。通过光学原理，结合相机角度、着陆器高度、太阳光照情况的数据，对影像资料中阴影拉长等现象进行分析得到月尘喷射角度，通过光度变化等对发动机羽流侵蚀月壤颗粒的情况进行了研究，如图 9-3 所示，并得出了以下结论 [6-8]：

(1) 月坑的深度大约为 3cm；

---

① 1ft = 3.048×10^{-1}m。

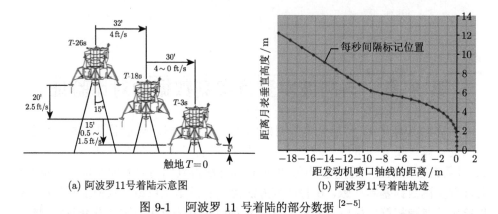

(a) 阿波罗11号着陆示意图　　　　　(b) 阿波罗11号着陆轨迹

图 9-1　阿波罗 11 号着陆的部分数据 [2-5]

(2) 月壤颗粒的喷射角度在 $1° \sim 3°$，如表 9-2 所示；

(3) 被羽流夹带起的月壤颗粒数量为 $10^2 \sim 10^9$ 个/cm^3。

(a) 登月轨道上拍摄的月球表面　　　(b) 阿波罗11号登月舱发动机下方的月壤形貌

图 9-2　阿波罗 11 号登月照片 [4,5]

表 9-2　历次阿波罗登月任务中月壤颗粒的喷射角度 [8]

阿波罗任务	喷射角度/(°)
11 号	2.6
14 号	2.4
15 号	8.1
16 号	1.4
17 号	2.0
平均值	3.3

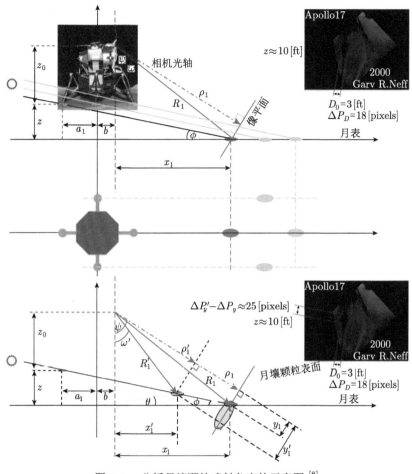

图 9-3 分析月壤颗粒喷射角度的示意图[8]

9.2 阿波罗登月着陆过程的计算结果与实测数据对比验证

9.2.1 阿波罗登月着陆过程的计算

根据阿波罗 11 号的真实下降过程，本书采用图 2-3 所示的月壤颗粒与发动机羽流相互作用的计算模型示意图，采用表 3-2 和表 3-3 所示的阿波罗 11 号发动机喷口出口计算参数，选择距离月表 2.0m、1.5m、1.0m 和 0.5m 共四种不同高度，每种高度的计算时间为 1s，计算得到羽流场的垂直方向速度场如图 9-4 所示。同时，采用公式 (2-7) 和公式 (2-9) 计算得到的四种高度的月壤颗粒的压应力和剪应力分布，如图 9-5 所示。根据公式 (2-13) 计算月表喷射的月壤颗粒质量分布，以及按照公式 (2-14) 计算得到的羽流侵蚀月表形成的月坑尺寸，如图 9-6 所示。

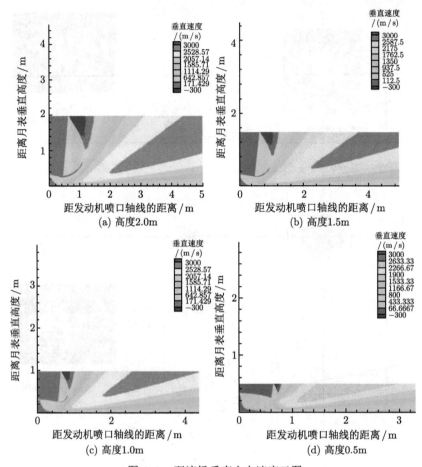

图 9-4　羽流场垂直方向速度云图

　　如第 5 章所述，月壤颗粒主要受羽流场的曳力、升力、重力等作用力，本节考虑月壤颗粒的三个 Stokes 曳力修正因数，并选取发动机喷口距月表 1.4m 高度，计算了阿波罗登月过程中月壤颗粒的空间分布。进一步，根据第 6 章提出的月壤颗粒相互碰撞问题的研究方法、第 7 章提出的月壤颗粒扩散问题的研究方法以及第 8 章提出的月壤颗粒与羽流场双向耦合问题的研究方法，分别得到 6 种研究方法的月壤颗粒空间分布，如图 9-7 所示。其中图 9-7(a) 为未考虑碰撞、扩散和双向耦合方法的结果 (6.2 节)，图 9-7(b) 为完全弹性碰撞方法的结果 (6.2 节)，图 9-7(c) 和图 9-7(d) 为非完全弹性碰撞 ($e = 0.5$ 和 $e = 0.1$) 方法的结果 (6.3 节)，图 9-7(e) 为守恒方程离散元方法的结果 (7.2 节)，图 9-7(f) 为对流扩散方程有限差分方法的结果 (7.3 节)，图 9-7(g) 为宏观双向耦合方法的结果 (8.2 节)，图 9-7(h) 为微观双向耦合方法的结果 (8.3 节)。同时，6 种研究方法的月壤颗粒的喷射角度和月壤颗粒最大数密度如表 9-3 所示。

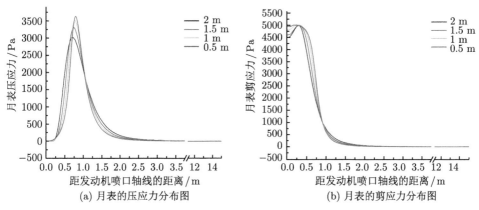

(a) 月表的压应力分布图　　　　　　　(b) 月表的剪应力分布图

图 9-5　四种不同情况下月表应力分布图

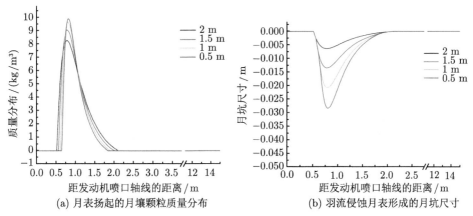

(a) 月表扬起的月壤颗粒质量分布　　　　(b) 羽流侵蚀月表形成的月坑尺寸

图 9-6　四种不同情况下月表颗粒计算结果

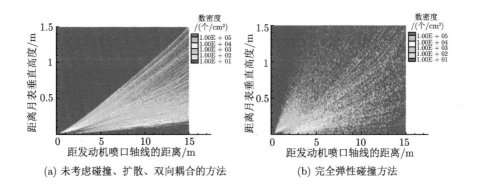

(a) 未考虑碰撞、扩散、双向耦合的方法　　　　(b) 完全弹性碰撞方法

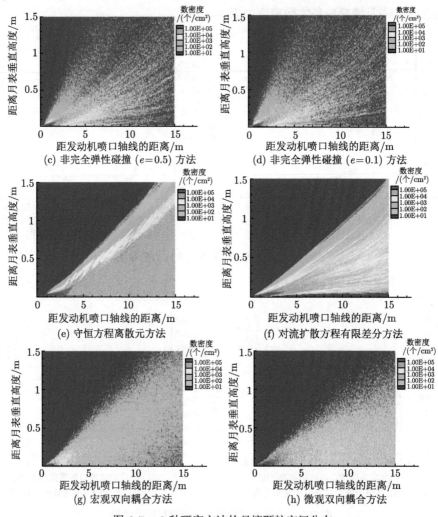

图 9-7　6 种研究方法的月壤颗粒空间分布

表 9-3　6 种研究方法计算的月壤颗粒的喷射角度和月壤颗粒最大数密度

	研究方法	喷射角度/(°)	月壤颗粒最大数密度/(个/cm³)
	阿波罗实测数据[8]	3.3	$10^2 \sim 10^9$
	未考虑其他因素	4.08	1.21×10^5
碰撞问题	完全弹性碰撞 (无能量损失)	3.22	1.02×10^6
	非完全弹性碰撞 (碰撞恢复系数 $e = 0.5$)	2.94	6.41×10^6
	非完全弹性碰撞 (碰撞恢复系数 $e = 0.1$)	2.55	8.38×10^6
扩散问题	守恒方程离散元方法	3.12	8.62×10^6
	对流扩散方程有限差分方法	2.82	5.15×10^6
双向耦合问题	宏观双向耦合方法	4.80	9.93×10^6
	微观双向耦合方法	2.85	7.83×10^6

9.2.2 阿波罗实测数据与本书结果对比验证

1. 形成月坑最大深度对比

阿波罗 11 号发动机喷口下方出现平滑凹下去的弧面，从原始地平面算起，月坑最大深度约为 3.0cm。本章计算得到的月坑尺寸如图 9-6(b) 所示，最大月坑深度为 2.83cm，与阿波罗 11 号数据相差约 5.6%。

2. 未考虑碰撞、扩散和双向耦合方法的结果与阿波罗数据对比

阿波罗历次任务测量得到的月壤颗粒喷射角度平均值大约为 3.3°，月壤颗粒空间数密度分布为 $10^2 \sim 10^9$ 个/cm^3。本章采用未考虑碰撞、扩散和双向耦合方法计算得到的月壤颗粒平均喷射角度大约为 4.08°，与阿波罗数据相差约 23.6%。同时，采用未考虑碰撞、扩散和双向耦合方法计算得到的月壤颗粒最大数密度为 1.21×10^5 个/cm^3，与阿波罗数据给出的范围相符。

3. 月壤颗粒相互碰撞方法的结果与阿波罗数据对比

采用第 6 章提出的完全弹性碰撞计算方法得到的平均喷射角度为 3.22°，与阿波罗数据基本一致。同时，采用完全弹性碰撞计算方法得到的月壤颗粒最大数密度在 1.02×10^6 个/cm^3，与阿波罗数据范围相符。进一步，采用第 6 章提出的非完全弹性碰撞计算方法，考虑碰撞过程中能量恢复系数 $e = 0.1$ 的平均喷射角度下降到 2.55°，月壤颗粒最大数密度为 8.38×10^6 个/cm^3；考虑碰撞过程中能量损失系数 $e = 0.5$ 时的平均喷射角度为 2.94°，月壤颗粒最大数密度为 6.41×10^6 个/cm^3。两组结果的平均喷射角度与阿波罗平均喷射角度分别相差 22.7% 和 10.9%，两组结果的月壤颗粒最大数密度与阿波罗数据范围相符。

4. 月壤颗粒扩散方法的结果与阿波罗数据的对比

采用第 7 章提出的守恒方程离散元方法和对流扩散方程有限差分方法计算得到的月壤颗粒平均喷射角度分别为 3.12° 和 2.82°，均与阿波罗数据基本一致。同时，两种扩散方法计算得到的月壤颗粒最大数密度分别为 8.62×10^6 个/cm^3 和 5.15×10^6 个/cm^3，均与阿波罗数据给出的范围相符。

5. 月壤颗粒双向耦合方法的结果与阿波罗数据的对比

采用第 8 章提出的宏观双向耦合方法和微观双向耦合方法计算得到的月壤颗粒平均喷射角度分别为 4.80° 和 2.85°，与阿波罗数据分别相差约 45.5% 和 13.6%。同时，采用两种双向耦合方法计算得到的月壤颗粒最大数密度分别为 9.93×10^6 个/cm^3 和 7.83×10^6 个/cm^3，均与阿波罗数据给出的范围相符。

综上所述，阿波罗 11 号着陆器实测月坑深度与本书研究方法得到的月坑深度基本一致，误差很小。同时，根据阿波罗登月的录像和图片等影像资料 [7,8]，采用

光线和着陆器在月表的投影计算得到的阿波罗历次任务月壤颗粒的喷射角度，与本书考虑月壤颗粒碰撞、扩散和双向耦合等 6 种研究方法得到的喷射角度基本一致。进一步，本书考虑月壤颗粒碰撞、扩散和双向耦合等 6 种研究方法计算得到的月壤颗粒最大数密度，与阿波罗数据给出的范围相符。

下面分析阿波罗 11 号实测数据与本书 6 种研究方法存在异同的可能原因。① 阿波罗 11 号登月舱在最后降落 4s 之前与地面并不垂直，倾斜喷口喷出的羽流吹扫月球表面，会影响环形坑的形成，使得月坑趋于平滑。② 月球表面的月壤颗粒空隙率随深度变低，下层月壤更加紧实，月表表层疏松的月壤颗粒被羽流吹尽以后，下层紧实的月壤相比表层有更大的内聚力和摩擦力，相对较难被羽流吹起，使得月坑底部表现更平滑 [9]。例如，阿波罗 14 登月时的图片在局部体现了这一现象 [5]，如图 4-1 所示。③ 月坑深度较浅，导致最终喷射的月壤颗粒数量不大。④ 选取的试验系数 Φ、计算时间间隔 Δt 等参数按照平均值选取。总之，进一步完善复杂月面边界、真实羽流场参数、月壤颗粒受力模型、各参数选取以及关键问题研究方法等内容，可以获得更加准确和真实的计算结果。

9.3　本章小结

通过历次阿波罗着陆器登陆过程的记录资料总结，分析得到了阿波罗着陆器登月着陆过程和羽流侵蚀月壤的实测结果。本章采用第 2 章提出的计算方法，计算得到的月坑深度与阿波罗 11 号实测月坑深度基本一致。本章采用本书提出的 6 种研究方法分析了月壤颗粒的平均喷射角度和空间颗粒数密度，并与阿波罗历次的登月实测数据分别进行对比验证。6 种研究方法得到的月壤颗粒平均喷射角度与阿波罗实测数据基本一致，6 种研究方法得到的月壤颗粒最大数密度与阿波罗实测数据给出的范围相符。最后，阐述了本书采用的 6 种研究方法计算结果与阿波罗登月实测数据存在异同的可能原因。

参 考 文 献

[1] Braeunig R A. Lunar module blast crater facts and myths revealed[J]. AIAA, 2011: 1-10.

[2] Jones E M. Apollo 11 technical air to ground voice transcription[R]. NASA Manned Space Center, 1969: 316-427.

[3] Jones E M. Apollo 11 technical debriefing Vol.1 and Vol.2[R]. NASA Manned Space Center, 1969: 924-928.

[4] Eric M J. The first lunar landing[R]. Nasa Report, 1995.

[5] Philip T, Metzger J S, John E L. Phenomenology of soil erosion due to rocket exhaust on the moon and the mauna kea lunar test site[J]. Journal of Geophysical Research Atmospheres, 2011: E06005.

[6] Mason C C. Comparison of actual versus predicted lunar surface erosion caused by Apollo 11 descent engine [J]. GSA Bulletin, 1970, 81(6): 1807-1812.

[7] Immer C D. Apollo photogrammetry estimation of plume impingement effects[C]. 11th ASCE Aerospace Division International Conference on Engineering, Science, Construction, and Operation in Challenging Environments, Long Beach, 2008.

[8] Immer C D, Lane J E, Metzger P T, et al. Apollo video photogrammetry estimation of plume impingement effects[J]. Icarus, 2011, 214(1): 46-52.

[9] Norman S L, Leonard V C. Experimental investigation of jet impingement on surfaces of finite paticles in a vacuum environment[R]. NASA, 1965.

第 10 章　总结与展望

10.1　总　　结

本书是关于月壤颗粒与发动机羽流相互作用的研究，共 10 章，书中首次提出了 5 个关键科学问题：月壤颗粒被喷射的临界质量和月表形成月坑的尺寸、月壤颗粒的受力影响因素、月壤颗粒的相互碰撞问题、月壤颗粒的扩散问题、月壤颗粒与发动机羽流的双向耦合问题。上述科学问题的研究结果分别与阿波罗登月实测数据进行了对比验证，并已被嫦娥三号、嫦娥四号和嫦娥五号采用，为探月工程提供了重要研究方法和数据参考。

第 1 章概述了月壤颗粒与发动机羽流相互作用问题的研究背景，并概述了国内外月壤颗粒与发动机羽流的相互作用在试验研究、计算方法以及几个关键问题的研究进展。

第 2 章概述了发动机羽流侵蚀月壤颗粒的四种机理，包括气流侵蚀、扩散气体喷发、承载力破坏和扩散气流驱动，阐述了月壤颗粒与羽流相互作用的物理过程、计算过程划分和计算模型。同时，建立了发动机羽流作用下月壤颗粒能否被破坏的受力临界平衡方程，基于 Mohr-Coulomb 破坏准则，推导了月壤颗粒被破坏的临界剪应力。进一步，推导了月壤颗粒被喷射的临界质量和月表形成月坑尺寸的计算公式。通过建立羽流场中月壤颗粒的动力学方程，给出了月壤颗粒的加速度、速度和位移计算公式。

第 3 章分析了发动机羽流场与分区。首先，概述了羽流场 CFD/DSMC 的耦合方法；同时，通过与文献算例比较，验证了 CFD/DSMC 耦合方法计算发动机羽流场的可靠性和精确性。进一步，采用 CFD/DSMC 耦合方法分析距离月表 5m 高度羽流场的 Kn 值，给出了羽流场 CFD/DSMC 耦合方法获得的连续流场、过渡流场和不连续流场的分区。可以看出，正对喷口下方的区域和临近发动机喷口下方的区域 Kn 多在 0~0.1 范围内，属于连续流场；距离发动机喷口轴线较远的流场 Kn 的大部分值大于 0.1，属于过渡流场和非连续流场。喷口距离月表越远，月表附近的连续区范围越小；喷口距离月表越近，月表附近的连续场范围越大。x 方向和 y 方向两个方向的连续流场和非连续流场位置与分布略有差别，弓形激波位置的 y 方向上的密度梯度相比其他区域较大。结果表明，月壤颗粒被喷射的区域同时存在连续流场、过渡流场和非连续流场。

第 4 章分析了不同计算参数对月表形成月坑尺寸和月壤颗粒运动轨迹的影响机理和影响因素。结果表明，月壤颗粒网格划分尺寸、试验系数和月壤颗粒参数等都会对形成月坑尺寸和位置有比较显著的影响。同时，计算时间步长、月壤直径、升力系数和初始速度也都会对月壤颗粒的运动轨迹产生很大的影响。在月表的压应力和剪应力一定的情况下，试验系数越小，月坑的深度越深，月坑的宽度越大。内聚力的值越小，月坑的尺寸越大。内摩擦角越小，月坑的尺寸也越大。直径越小的月壤颗粒在月表喷射的高度越低。升力系数越大，月壤颗粒的喷射现象越明显。随着月壤颗粒的初始速度逐渐加大，月壤颗粒的运动轨迹受初始速度的影响越大，月壤喷射的高度逐渐降低。

第 5 章分析月壤颗粒在羽流场中受到的各种力，包括 Stokes 曳力、升力、重力、布朗力、压力梯度力、附加质量力和 Basset 历史力等。同时，通过量级分析结果表明，Stokes 曳力、Saffman 升力和重力不能忽略，是影响月壤颗粒空间分布的主要作用力。然而，Magnus 升力、布朗力、压力梯度力、附加质量力及 Basset 历史力等为相对次要的作用力，在某些情况下其影响可以忽略。进一步，本章分析了月球环境下 Stokes 曳力的修正因数。修正因数包括滑移修正因数、周围颗粒影响修正因数和惯性修正因数。结果表明，月壤颗粒受到的 Stokes 曳力的惯性修正因数、表面滑移修正因数以及周围颗粒影响修正因数对于月壤颗粒受到的 Stokes曳力会产生一定的影响，特别是周围颗粒影响修正因数的效应尤为显著。由于月壤颗粒的 Stokes 曳力为主要作用力之一，三种修正因数在一定程度上影响月壤颗粒的运动机理和运动规律。

第 6 章以动量守恒方程和能量守恒方程为基础，分析了真空环境中月壤颗粒在羽流作用下的相互碰撞问题。首先，分析了未考虑碰撞条件下月壤颗粒的影响机理和影响因素；其次，分析了完全弹性碰撞 (能量恢复系数 $e = 1.0$) 条件下月壤颗粒的影响机理和影响因素；最后，分析了非完全弹性碰撞 (能量恢复系数 $e = 0.5$ 和 $e = 0.1$) 条件下月壤颗粒的影响机理和影响因素。通过对不同碰撞条件的对比分析，探讨了月壤颗粒间的相互碰撞对月壤颗粒运动轨迹和空间分布的影响机理，考虑碰撞能量损失后的月壤颗粒分布更符合实际着陆过程中观测到的结果，碰撞效应使得月壤颗粒整体喷射角度更大，月壤颗粒空间分布更随机，印证了碰撞问题是研究月壤颗粒与羽流相互作用不能忽略的重要影响因素之一。

第 7 章提出两种方法研究了发动机羽流作用下月壤颗粒的扩散问题。守恒方程离散元方法研究了无能量损失和有能量损失条件下月壤颗粒扩散问题的影响机理和影响因素，对流扩散方程有限差分法研究了瞬时状态下月壤颗粒扩散问题的影响机理和影响因素。守恒方程离散元方法既可以考虑颗粒受力 (包括曳力、升力、重力、温度、能量等) 影响因素，也可以考虑各种能量损失的影响机理，计算结果与真实着陆图片更吻合 (见第 9 章)。本章研究结果印证了扩散问题是研究月壤颗粒与羽流相互作用不能忽略的重要影响因素之一。

第 8 章提出了月壤颗粒与发动机羽流相互作用的宏观双向耦合和微观双向耦合两种方法，分析了两种双向耦合方法的月壤颗粒影响机理和影响因素。两种双向耦合方法的相同之处：重力对月壤颗粒的加速过程影响不大，主要由羽流场的曳力和升力起决定作用；随着月壤颗粒直径增大，月壤颗粒速度降低，月壤颗粒空间分布变小。两种双向耦合方法不同之处：宏观双向耦合方法得到月壤颗粒在场中的分布特点，与微观双向耦合方法沿月球表面向远场分布及月表分布非常密集相比有所不同，宏观双向耦合方法呈喷射状分布，垂直喷射方向向两侧逐渐变得稀疏。宏观双向耦合方法得到的月壤颗粒运动速度要大于微观双向耦合方法的结果，宏观双向耦合方法得到的月壤颗粒空间分布也比微观双向耦合方法更广，小直径颗粒的差异更明显。引起差异的主要原因是两种方法考虑月壤颗粒受力的计算方法不同，导致宏观双向耦合方法获得的升力对月壤颗粒的后续运动与分布有很大的影响。月壤颗粒在运动的起始阶段，升力作用在其竖直方向上的影响很大，使颗粒更容易运动至流速更高的区域。同时，由于考虑了月壤颗粒对羽流场气体的反作用，月壤颗粒的运动速度最大降低了近 58%。主要原因是月壤颗粒阻碍了气体的运动，其加速运动消耗了气体的动量，导致气体对月壤颗粒的作用力减小，从而影响了月壤颗粒的加速运动。第 8 章印证了月壤颗粒与羽流场的双向耦合问题是研究月壤颗粒空间分布不能忽略的重要影响因素之一。

第 9 章通过历次阿波罗着陆器登陆过程的记录资料总结，分析得到了阿波罗着陆器登月着陆过程和羽流侵蚀月壤的实测结果。采用第 2 章提出的计算方法，计算得到的月坑深度与阿波罗 11 号实测月坑深度基本一致。采用本书提出的 6 种研究方法分析了月壤颗粒的喷射角度和月壤颗粒最大数密度，并与阿波罗历次的登月实测数据分别进行对比验证。6 种研究方法得到的月壤颗粒平均喷射角度与阿波罗实测数据基本一致，6 种研究方法得到的月壤颗粒最大数密度与阿波罗实测数据给出的范围相符。最后，阐述了本书采用的 6 种研究方法的计算结果与阿波罗登月实测数据存在异同的可能原因。

第 10 章是全书总结和展望。

10.2   展　　望

本书对本课题组的前期工作成果做了一次较全面的回顾和总结。现有的工作成果仍然存在一些不足和需要继续完善的地方。下面对本研究方向的后期做出如下展望：

(1) 全书研究以二维轴对称模型为主，如果考虑到着陆点月表地貌不对称以及发动机喷口倾斜降落等因素，基于本书阐述的研究方法和计算参数，采用三维计算模型更加合理有效。

(2) 计算参数的选取以阿波罗系列观测和地面实验室测量数据为主,计算参数可能与月球真空环境下的真实数据有差别。空间站环境与月球环境比较接近,建议今后部分参数可以选取空间站实测环境参数。

(3) 本书每个关键科学问题分章展开研究,后续研究可将月壤颗粒受力的多种情况合并并统一探讨,更接近真实月球环境下月壤颗粒与发动机羽流相互作用的条件。

(4) 进一步完善每部分程序的可读性和通用性,并提高计算效率。

我国已经于 2020 年底圆满完成嫦娥五号月表自主采样返回。嫦娥六号将实施月球南极地区的采样返回,嫦娥七号将实施月球南极地区的综合探测,嫦娥八号将实施月表 3D 打印和建筑材料等关键技术。进一步,我国将在 2030 年前后实现载人登月,载人登月将会面临一系列重大问题与巨大挑战,其中最关键和最严峻的挑战之一便是 "月尘污染" 问题,不但影响到探测器、敏感设备以及航天员的正常工作,甚至影响着登月任务的成功与否。针对我国月球、火星和深空探测的迫切性要求,特别是深空探测中的空间颗粒的污染机理和清除技术研究迫在眉睫,亟须开展深入研究。

本书研究内容属于航天领域的前沿问题,部分研究方法尚属国内外首次提出,并与美国阿波罗登月过程实测数据进行了对比验证。上述研究内容和研究成果已被嫦娥三号、嫦娥四号和嫦娥五号采用,并为人类未来载人登月和探月工程的深入以及航天民用产业的发展提供合理研究方法和可靠参考数据。

附　表

附表 1　美国月球探测历程

发射时间	任务名称	任务简介
1961 年 8 月 ~1965 年 3 月	徘徊者计划	先后向月球发射了 9 颗"徘徊者号"探测器，它的主要目的是研究整个月球的外观，测量月球附近的辐射和星际等离子体等，评估月球环境对载人飞船着陆任务的影响，以便为阿波罗登月做准备。
1961 年 11 月 ~1966 年 11 月	双子星座计划	研究、发展载人登月技术和训练航天员长时间飞行及舱外活动的能力。该计划历时 5 年，完成了 10 次环绕地球轨道载人飞行，每次 2 人。
1966 年 5 月 ~1968 年 1 月	勘测者计划	发射 7 个，其中 2 个失败，5 个成功，进行月面软着陆试验，探测月球并为阿波罗号飞船载人登月选择着陆点。
1966 年 8 月 ~1967 年 8 月	月球轨道环行器	先后向月球发射了 5 个月球轨道环行器，对月球表面进行全面、详细的观测，为"阿波罗"载人登月飞船选择着陆点。
1967 年 1 月	阿波罗 1 号	发生大火，飞船烧毁，3 名宇航员丧生。
1968 年 10 月	阿波罗 7 号	第一次载人飞行，3 名宇航员绕地球飞行了 163 圈，测试指令舱上的对接系统。
1968 年 12 月	阿波罗 8 号	迈出载人月球探测第一步，载人从地球飞到月球后又安全地回到了地球，测试阿波罗指挥舱系统性能，评估宇航员绕月轨道任务表现。
1969 年 3 月	阿波罗 9 号	第一次搭载登月舱，在地球轨道上进行了长时间飞行，测试人类在太空环境中的反应和失重状态。
1969 年 5 月	阿波罗 10 号	载人绕月球轨道，并使登月舱下降到离月球表面 15 公里以内，以检验其性能。
1969 年 7 月	阿波罗 11 号	人类第一次成功的登月任务，安设仪器，采集月壤，成功返回地球。
1969 年 11 月 ~1972 年 12 月	阿波罗 12~17 号	其中除阿波罗 13 号因服务舱液氧箱爆炸中止登月任务外 (三名宇航员驾驶飞船安全返回地面)，共有 12 名宇航员登月成功。
1970 年 4 月	阿波罗 13 号	发射后两天，服务舱的氧气罐发生的爆炸严重损坏了航天器，使其大量损失氧气和电力；三名宇航员驾驶飞船安全返回地面。
1994 年 1 月	克莱门汀号	测试长时间暴露在太空环境下科学仪器的感应器和卫星组件的状态，并进行月球和近me小行星 1620 的探测。
1998 年 1 月	勘测者号探测器	执行月球轨道观测任务。
2011 年 9 月	GRAIL 重力探测器	绘制了迄今为止最精确的月球引力场地图，由"埃布"号和"弗洛"号两颗探测器组成，是一对双胞胎兄弟，彼此将天线对准对方。

参见 https://www.hq.nasa.gov/alsj/

附表 2　苏联月球探测历程

发射时间	任务名称	任务简介
1959 年 1 月	月球 1 号	人类历史上的第一个月球探测器，与月球擦肩而过。
1959 年 9 月	月球 2 号	人类首枚月球硬着陆探测器，发回了有关月球磁场和辐射带的重要数据。
1959 年 10 月	月球 3 号	首次近距离拍摄月球照片，首次拍摄到月球背面图片。
1963 年 4 月	月球 4 号	原计划准备实施首次月球软着陆，但由于中段轨道机动未获成功从月球上空掠过而任务失败。
1965 年 5 月	月球 5 号	软着陆最后阶段设备故障，制动失灵，撞毁在月面。
1965 年 6 月	月球 6 号	没有按预定程序关闭修正轨道发动机，掠过月球，成为一颗围绕太阳运行的人造星。
1965 年 10 月	月球 7 号	距离月球表面过高，过早失去制动力而撞到月球表面。
1965 年 12 月	月球 8 号	制动火箭点火过迟，尚未减低到安全着陆速度就撞击到月球表面。
1966 年 1 月	月球 9 号	人类首次实现月球软着陆，向地球传送了首张月球表面的全景照片。
1966 年 3 月	月球 10 号	人类首次实现环绕月球探测，装备了多种探测设备。
1966 年 8 月	月球 11 号	第一个环月飞行的成像卫星，技术故障使其未能向地球传回图片。
1966 年 10 月	月球 12 号	一个失败的扫描成像卫星，继月球 10 号、11 号之后，继续绘制重力场图，继续测定太阳和宇宙辐射，记录月表的伽马射线和 X 射线荧光辐射。
1966 年 12 月	月球 13 号	成功实施软着陆，并展开一系列科学探测任务。
1968 年 4 月	月球 14 号	绕月科学探测，与月球 12 号相似。
1969 年 7 月	月球 15 号	新一代月球探测器，飞行数日后坠毁，有报道称是 17 号的先驱技术验证。
1970 年 9 月	月球 16 号	第一次成功实现了无人月壤取样 120g 并自动返回。
1970 年 11 月	月球 17 号	首次实现了无人月球车探测，再次震惊了世界。
1971 年 9 月	月球 18 号	坠毁。
1971 年 9 月	月球 19 号	携带了多种科学装置，进行了多项环月科学试验。
1972 年 2 月	月球 20 号	第二次无人月球取样返回，采样 50g。
1973 年 1 月	月球 21 号	携带第二辆月球车——月球车 2 号，行走 37km，传回 80000 多幅电视图像。
1974 年 5 月	月球 22 号	实施环绕月球科学探测。
1974 年 10 月	月球 23 号	成功着陆月球，但取样器损坏，月球采样失败。
1976 年 8 月	月球 24 号	采样返回，取得深处月壤品约 170g。

参见 https://baike.baidu.com/

附表 3　中国月球探测历程和计划

发射时间	任务名称	任务简介
2007 年 10 月	嫦娥一号	成功绕月探测,采集月表环境、地形地貌、地质构造等方面的数据信息,于 2009 年受控撞击月球,完成探测任务。
2010 年 10 月	嫦娥二号	获得了分辨率优于 10m 的月球表面三维影像、月球物质成分分布图等资料,随后进入日地拉格朗日 L2 点环绕轨道进行深空探测试验,飞越小行星 4179 (图塔蒂斯),最终成为太阳系的人造卫星,围绕太阳做椭圆轨道运行。
2013 年 12 月	嫦娥三号	中国首次月面无人软着陆,"玉兔 1 号"巡视器圆满完成月面巡视,获得了人类 40 多年来最清晰的月球照片。
2014 年 10 月	嫦娥五号飞行试验器	实现了月地高速半弹道跳跃式再入返回地球。
2018 年 12 月	嫦娥四号	首次实现在月球背面软着陆,联合"玉兔 2 号"巡视探测,以及"鹊桥"中继星传回重要的月背探测资料。
2020 年 11 月	嫦娥五号	实现了无人月面采样返回任务。
2023~2025 年	嫦娥六号	计划在月球背面或者正面着陆,执行采样返回任务。
2024~2025 年	嫦娥七号	计划开展月球南极资源勘察,对月球的地形地貌、物质成分和空间环境进行一次综合探测任务。
2026~2027 年	嫦娥八号	除继续进行科学探测试验以外,计划进行一些关键技术的月面试验。
2030 年前后	载人登月	计划首次实现中国航天员载人登月任务。

后　记

　　本书总结了近十年来天津大学空间力学团队和合作者们关于月球颗粒与发动机羽流的相互作用的研究成果，系统阐述了研究进展、理论推导、计算方法、关键问题和实测验证，提出的研究方法填补了该研究方向的部分空白，为对月球着陆器在着陆过程提供参考数据。值此之际，由衷感谢参加研究和为本书付出努力的所有人员以及天津市科协资助出版。

　　首先，感谢中国空间技术研究院相关领域的研究人员。他们给我们提供一个机会与他们共同合作，完成月球颗粒与发动机羽流的相互作用的研究工作，特别是杨孟飞院士、任德鹏研究员、黄伟研究员、于伟研究员、叶青研究员等。同时，感谢清华大学李水清教授。李水清教授对第 3 章和第 5 章的研究内容和计算方法提供资料，并亲自指导，为本研究提供了有益启发和新的思路。在此一并感谢北京大学刘才山教授和他课题组的同学们，对本书内容的表达和公式一一指正。此外，特别要感谢为本书初稿付出努力的天津大学张义同教授和蔡宗熙教授，以及河北工业大学的焦永树教授，是他们字斟句酌，对本书耐心多次反复修改。在此对本书付出努力的所有学者和专家一并谨致衷心谢意。

　　特别感谢参加本书研究和应用工作的马月聪、耿动梁、郑刚、绍亦琪、薄志刚、李阳、冯昱龙、孙佳濛等硕士生和博士生。感谢伊建磊、董泰朗、李仁杰等同学对本书初稿的文字和格式的修改建议，并对所有付出努力的同学们一并深表谢意。

　　最后，嫦娥五号总设计师杨孟飞院士欣然为本书作序，感谢他一直鼓励我们不懈追求中国飞天梦想。